JOSÉ LUIS RIOS FLORES
LUIS GERARDO YÁÑEZ CHÁVEZ
MANUEL DE JESÚS AZPILCUETA RUIZ-ESPARZA

PRODUCTIVIDAD DEL AGUA EN CHILES (Capsicum annuum L.)

JOSÉ LUIS RIOS FLORES
LUIS GERARDO YÁÑEZ CHÁVEZ
MANUEL DE JESÚS AZPILCUETA RUIZ-ESPARZA

PRODUCTIVIDAD DEL AGUA EN CHILES (Capsicum annuum L.)

SECO Y VERDE EN ASCENSIÓN, CHIHUAHUA, MÉXICO

Editorial Académica Española

Imprint

Any brand names and product names mentioned in this book are subject to trademark, brand or patent protection and are trademarks or registered trademarks of their respective holders. The use of brand names, product names, common names, trade names, product descriptions etc. even without a particular marking in this work is in no way to be construed to mean that such names may be regarded as unrestricted in respect of trademark and brand protection legislation and could thus be used by anyone.

Cover image: www.ingimage.com

Publisher:
Editorial Académica Española
is a trademark of
Dodo Books Indian Ocean Ltd. and OmniScriptum S.R.L publishing group

120 High Road, East Finchley, London, N2 9ED, United Kingdom
Str. Armeneasca 28/1, office 1, Chisinau MD-2012, Republic of Moldova, Europe
Printed at: see last page
ISBN: 978-613-9-40475-9

PRODUCTIVIDAD DEL AGUA EN CHILES (*Capsicum annum L.*) SECO Y VERDE EN ASCENSIÓN, CHIHUAHUA, MÉXICO

JOSÉ LUIS RIOS FLORES

LUIS GERARDO YÁÑEZ CHÁVEZ

MANUEL DE JESÚS AZPILCUETA RUIZ-ESPARZA

Contenido

Índice de cuadros

RESUMEN

El objetivo fue determinar números índice de la productividad (P) y eficiencia (E) del agua (A) en términos físicos (F), económicos (E) y sociales (S) del agua usada en la producción de los cultivos de chile (*Capsicum annuum L.*) seco y verdel en el municipio de Ascensión, Chihuahua, principal productor en el estado y contrastarles entre sí, mediante metodología económica caracterizada por el uso de modelos matemáticos alimentados con datos a escala comercial. Los resultados muestran que la PFA, PEA y PSA en el chile (*Capsicum annuum L.*) seco y verde fueron 0.203 vs 2.294 kg m^{-3}, USD 128,845 de pérdida y USD 341,067 de ganancia por hm^{-3}, y 27.1 y 19.1 empleos hm^{-3} respectivamente. La PFA del chile seco resultó semejante a la del chile seco de Villa de Cos Zacatecas, con 0.20 kg m^{-3}, pero el chile verde de La Laguna con 3.385 kg m^{-3} resultó con un uso más productivo en términos físicos al usar el agua. La PEA del chile verde, con USD 341,067 de ganancia por hm^{3}, fue superior a la del chile seco de Ascensión y de La Laguna, a la manzana de bajo uso de tecnología, al nogal pecanero de Chihuahua y a la leche bovina tanto de Chihuahua como de La Laguna, pero fue inferior a las cebollas de PV como de OI de Delicias, Chihuahua, chile jalapeño de La Laguna y la manzana de alto uso de tecnología de Chihuahua.

Palabras clave: •huella hídrica• agua• agua virtual• sustentabilidad• chile

SUMMARY

The objective was to determine index numbers of the productivity (P) and efficiency (E) of the water (A) in physical (F), economic (E) and social (S) terms of the water used in the production of chile crops (*Capsicum annuum L.*) dry and green in the municipality of Ascensión, Chihuahua, the main producer in the state and contrast them with each other, through economic methodology characterized by the use of mathematical models fed with data on a commercial scale. The results show that the PFA, PEA and PSA in dry and green chili (*Capsicum annuum L.*) were 0.203 vs 2,294 kg m^{-3}, USD 128,845 of loss and USD 341,067 of gain per hm^{-3}, and 27.1 and 19.1 jobs hm^{-3} respectively. The PFA of the dry chili was similar to that of the dry chili from Villa de Cos Zacatecas, with 0.20 kg m^{-3}, but the green chili from La Laguna with 3,385 kg m^{-3} resulted with a more productive use in physical terms when using water. The EAP of the green chili, with a profit of USD 341,067 per hm^{3}, was higher than that of the dry chili from Ascensión and La Laguna, the apple with low use of technology, the pecan walnut from Chihuahua and the bovine milk of both Chihuahua as from La Laguna, but it was inferior to onions from PV as from OI from Delicias, Chihuahua, the jalapeño pepper from La Laguna and the high-tech apple from Chihuahua.

Keywords: • water footprint • water • virtual water • sustainability• chili

I.   INTRODUCCIÓN

México cuenta más de cien tipos de chile (*Capsicum annum)* tanto frescos como secos[1], junto con el maíz, frijol, tomate y cebolla, es uno de los alimentos más consumidos por el mexicano en particular, y en todo el mundo también, en los últimos años, México aumentó su producción y su consumo per cápita de manera notoria, en los últimos diez años, de 2009 a 2019, la producción aumentó 64.2% al ir de 1.94 a 3.18[2] millones de toneladas, y el consumo per cápita también aumentó de 15.7 a 18 kg por persona por año[3], el agua que demanda el cultivo de chile en su producción depende del tipo de chile, del lugar donde se lo siembre, sí es irrigado con agua subterránea mediante bombeo[4] o con agua

---

[1] **El Financiero. 2014**. Chile mexicano enfrenta competencia del mundo (Reportera: Isabel Becerril) 8 de agosto, 2014. Disponible en: https://www.elfinanciero.com.mx/economia/chile-mexicano-enfrenta-competencia-del-mundo#:~:text=De%20acuerdo%20con%20las%20cifras,de%20Canad%C3%A1%2C%20Jap%C3%B3n%20y%20%20Guatemala. fecha de última consulta: 26 de agosto, 2010.

[2] **SADER, 2010**. Reconoce Gobierno de México la importancia del chile en identidad cultural y gastronómica del país. Disponible en:
https://www.tallapolitica.com.mx/reconoce-gobierno-de-mexico-la-importancia-del-chile-en-identidad-cultural-y-gastronomica-del-pais/
Última consulta 26 de agosto, 2020
[3] **La Jornada. 20 de julio, 2010**. Producción de chile se incrementó 64.2% en los últimos 10 años: Sader. Disponible en:. https://www.jornada.com.mx/ultimas/sociedad/2020/07/20/produccion-de-chile-se-incremento-64-2-en-los-ultimos-10-anos-sader-5116.html. Ultima consulta: 26 de agosto, 2010.

[4] **Pizarro y Galván (2020)**. Patrones agrícolas ahorradores de agua generados con la huella hídrica, caso del DR005 Delicias, Chihuahua, México. Tesis profesional. Universidad Autónoma Chapingo, México. 2020 (en imprenta). Determinaron que la eficiencia del agua en el cultivo de chile verde irrigado con agua subterránea por bombeo fue de 175 litros/kg en chile verde irrigado por bombeo en Delicias, Chihuahua, México.

superficial por gravedad y donde se le produzca[5], por otra parte, el tamaño de la población incide también en la demanda de chile, ya que en 2010 México contaba con una población de 113,580,528 personas[6], mientras que ya para el año 2018, México tenía 124,738,000 habitantes[7].

Así, con base en lo anterior, considerando una huella hídrica de 0.260 m^3 de agua por kg de chile [8], entonces, en los últimos años la demanda de agua de cada mexicano, solo para abastecerse del chile que demanda anualmente habrá aumentado 15%, desde 4.082 m^3/persona/año (15.7 kg/persona/año X 0.260 m^3/kg) hasta 4.68 m^3/persona/año (18.0 kg/persona/año X 0.260 m^3/kg), lo que al ser multiplicado por la creciente población, sugiere que en los últimos diez años la huella hídrica global en México, solo para

---

[5] **Escobar, Chontal, J. F. (2017).** Huella hídrica y su uso en la generación de patrones agrícolas que promueven el ahorro de agua en el DR017 Comarca Lagunera. Tesis profesional. Unidad Regional Universitaria de Zonas Áridas-Universidad Autónoma Chapingo, Bermejillo, Durango, México. Determinó que la eficiencia del agua superficial irrigada por gravedad en el cultivo de chile verde en La Laguna era de 260 litros/kg; el promedio mundial es de 287 litros/kg (disponible en "El plato del buen comer". https://www.agua.org.mx/wp-content/uploads/2018/01/agua-virtual-plato.pdf ultima consulta 26 de agosto, 2010)

[6] **Demografía de México.** https://es.wikipedia.org/wiki/Demograf%C3%ADa_de_M%C3%A9xico Ultima consulta: 27 de agosto, 2020.

[7] **México-Población, 2018.** Expansión/ datos macro.com. Disponible en: https://datosmacro.expansion.com/demografia/poblacion/mexico

[8] el promedio mundial es de 287 litros/kg (disponible en "El plato del buen comer". https://www.agua.org.mx/wp-content/uploads/2018/01/agua-virtual-plato.pdf ultima consulta 26 de agosto, 2010)

abastecerse del chile que demanda su creciente población, habrá crecido 26%, desde 463,635,715.3 m^3/año (4.082 m^3/año x 113,580,528 personas) hasta 583,773,840 m^3/año (4.68 m^3/persona/año X124,738,000 personas), y así, como sucede con el chile, sucede también con el maíz grano, el frijol, el tomate rojo, la cebolla, carne de res, leche bovina, etc., se demanda cada vez más agua para producirlas por el efecto de la creciente población.

Lo anterior es solo una de las características de la escases del agua, que si bien como se verá, per se el agua es un recurso escaso en términos absolutos, se agrava esa escases en términos relativos, ya que, en relación a la creciente demanda de alimentos para satisfacer a la creciente población, agrava la escases y ejerce más presión aún.

Otro aspecto dentro del cual se inserta *el problema a tratar de este estudio: la escases del agua y su uso racional, eficiente y productivo*, deviene en las cifras de la cantidad de agua en el planeta en términos absolutos, ya que, muy al contrario de lo que el común de la gente cree, el agua es un bien realmente escaso en extremo, ya que del total de agua en el planeta, estimado en 1,386 millones de km^3 que hay de agua en el planeta[9], 97.5% es agua salada en los mares y océanos del mundo, y solo 2.5% es agua dulce, y ya desde ahora, se nota que en efecto, el agua dulce es escasa, pero la realidad es peor aún, ya que el ser humano no tiene acceso a todo ese 2.5% de agua dulce, pues, como señala la figura 1, ese 2.5% de agua dulce, al hacerlo un 100%, resulta que 69.7% de toda el agua dulce está indisponible en forma de glaciares, 30% es agua dulce indisponible en tanto se encuentra en aguas subterráneas en extremo profundas, a más de un km de profundidad, y finalmente, solo el 0.3% es agua dulce disponible en forma de lagos, ríos, lagunas y aguas subterráneas a menos de un km de profundidad, así que, ese volumen de agua dulce disponible, que equivale al 0.3% del total del agua dulce existente en el planeta, en relación a toda el agua, 1,386 millones de km^3, representa solamente el *0.0075% del agua es lo que está disponible para llevar a cabo todas las actividades del hombre, como la agricultura, la ganadería, la industria, el consumo doméstico.*

---

[9] **Fundación Aqua**. Cantidad de agua potable, fuente de vida. Disponible en: https://www.fundacionaquae.org/wiki-aquae/datos-del-agua/cantidad-de-agua-potable-fuente-de-vida/ fecha de consulta: 10 de septiembre, 2019.

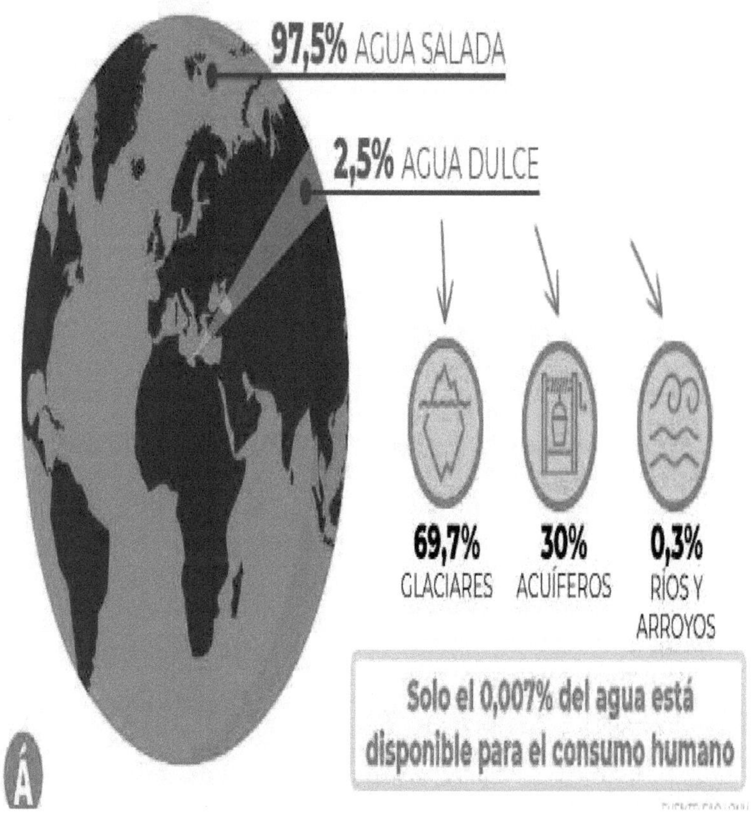

Figura 1: Cantidad de agua existente en el planeta[10]

---

[10] **Carrión, Marta. 2020**. El Ágora, diario del agua. 20 de marzo, 2010. Madrid, España. Disponible en: https://www.elagoradiario.com/agorapedia/cuanta-agua-planeta/#:~:text=La%20Tierra%20tiene%20una%20disponibilidad,35%20millones%20de%20kil%C3%B3metros%20c%C3%BAbicos).
fecha de última consulta: 21 de agosto,2020

Aparte de la ya demostrada escases del agua dulce disponible, existe, adicionalmente, otros dos problemas relativo al agua, el primero de ellos es acerca de quién es el principal usuario de agua dulce, y el segundo problema es cuan eficientemente usa ese sector la muy escasa agua duce disponible.

De acuerdo con la gráfica 2[11] señala a los países seleccionados consumidores de agua dulce en cuanto a consumo per cápita anual, en miles de litros, son Colombia (1,988), Perú (1,682), Grecia (947), OECD (738), México (697), Costa Rica (668), Australia (631), España (623), Corea del Norte (395) y Francia (369)

---

[11] Incluye las extracciones para el abastecimiento público de agua, el riego, los procesos industriales, la refrigeración de centrales eléctricas y el agua de minas y drenaje. No se incluye la generación de electricidad a partir de energía hidroeléctrica. Fuente de la Figura 2: elaboración propia, con base en cifras de:: Recurso hídrico. ¿Cuánta agua se consume en el mundo?: https://es.statista.com/grafico/31832/consumo-anual-de-agua-per-capita-en-paises-seleccionados-de-todo-el-mundo/

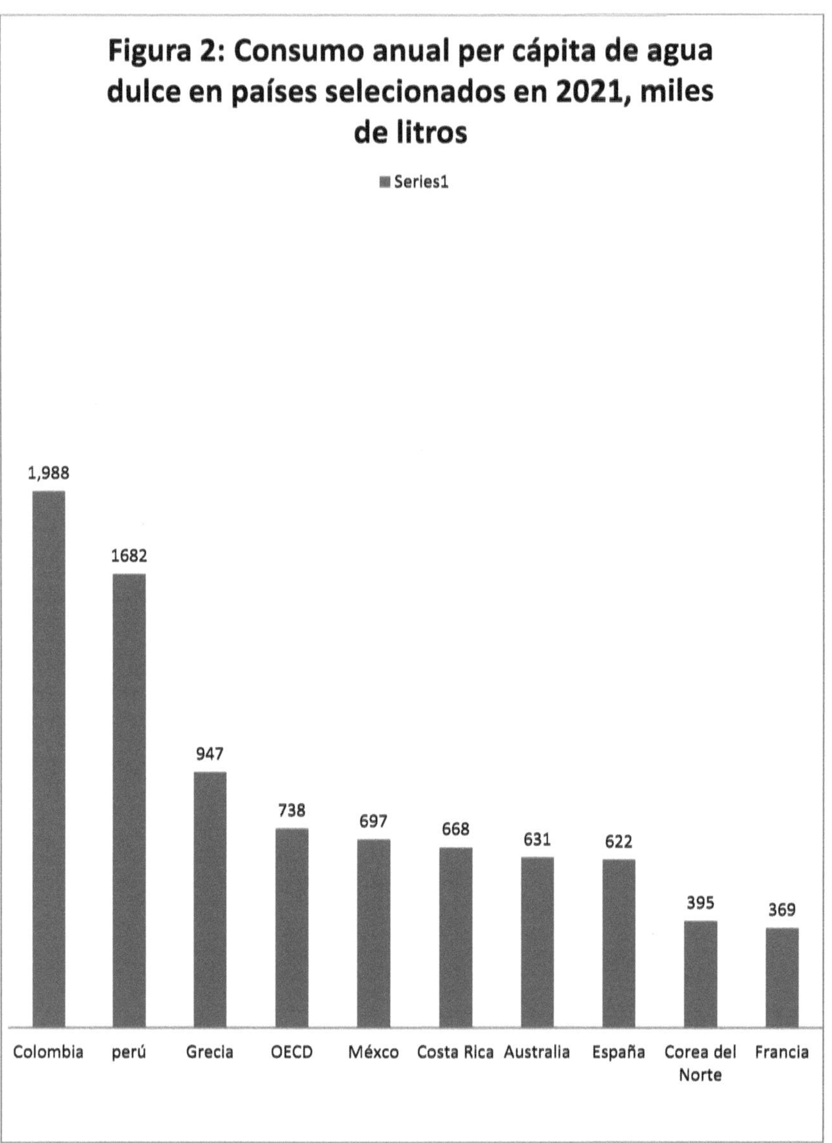

Figura 2: Consumo anual per cápita de agua dulce en países selecionados en 2021, miles de litros
Series1
1,988
1682
947
738
697
668
631
622
395
369
Colombia
perú
Grecia
OECD
Méxco
Costa Rica
Australia
España
Corea del Norte
Francia

La FAO (2005) [12] señala que los principales países extractores de agua dulce del subsuelo (en miles de hm^3/año) son India (761), China (607.8), EUA (455.6), Pakistán (183.5), Indonesia (113.3), Irán (93.3), México (85.66), Vietnam (82.03), Filipinas (81.56) y Japón (81.45). la distribución del agua extraída según su uso final es en promedio mundial, el 70% para la agricultura y ganadería, 20% es para uso industrial y 10% para consumo doméstico, aunque como todo promedio varía de país a país como ya se dijo, así por ejemplo, en la India, principal consumidor de agua dulce (con 761 miles de hm^3 /año) el 90.4% es usado por la agricultura, 2.2% por la industria y 7.4% el abastecimiento público

De acuerdo con cifras de la FAO (2005 *Op. Cit.*) en lo referente a extracción total de agua del subsuelo, se denota que el sector agropecuario es el principal usuario del agua dulce extraída del subsuelo en el mundo, aunque, dependiendo de lo desarrollado o de lo atrasado de su agricultura, el porcentaje de agua dulce que usa la agricultura oscila desde un 36.1% en el caso de E.U.A. con una agricultura altamente tecnificada, hasta un 94.8% como lo es el caso de la atrasada agricultura de Vietnam.

---

[12] **FAO 2005**. *Op. Cit.* **FAO 2005**. (Organización de la Naciones Unidas para la Agricultura y la alimentación), Departamento de Agricultura y Protección del Consumidor, 2005. Uso del agua en la agricultura. Disponible en: http://www.fao.org/ag/esp/revista/0511sp2.htm

De acuerdo con cifras de FAO (2005 *Op. Cit.*) China es el segundo principal consumidor de agua dulce subterránea, con 607.8 miles de hm^3 /año, del cual 64.5% es para uso agrícola, los E. U. A. es el tercer consumidor de agua dulce, con 485.6 miles de hm^3 /año, del cual solamente el 36.1 es usado por la agricultura, 51.2% por la industria y 12.8% para el abastecimiento público, México es el 7º consumidor mundial de agua dulce, con 85.66 miles de hm^3 /año, del cual 76.3% (es decir está arriba del promedio mundial) es usado por la agricultura, 9.1% por el sector industrial y 14.6% es para el abastecimiento público (FAO, 2005. *Op. Cit.*).

El agua usada en el riego en la producción del cultivo de chile (*Capsicum annum*) **seco** en el municipio de Ascensión, Chihuahua, México, tendrá una **mayor *productividad y eficiencia* económicas** (medida la productividad económica del agua –PEA- y la eficiencia económica del agua –EEA- usada en la producción en forma de USD de ganancia por hm^3 de agua y m^3 de agua por cada USD de ganancia producida, abreviados como USD hm^{-3} y m^3 USD^{-1} respectivamente) que la PEA y la EEA del cultivo de chile (*Capsicum annum L.*) **verde** producido en el mismo municipio.

La segunda pregunta planteada renglones atrás era como es que ese macro usuario del agua, en este caso la agricultura, usa el agua, es decir, le usa eficientemente, le usa de la manera más productiva?, la respuesta no es grata:

En México, el sector que más agua desperdicia es el que más la consume: el sector agropecuario (agricultura y ganadería). Las estimaciones de la Comisión Nacional del Agua (2015)[13] mencionan que 57% del agua que consume se pierde por evaporación, pero, sobre todo, por infraestructura de riego ineficiente, en mal estado u obsoleta. La superficie irrigada es de 6.3 millones de hectáreas y aporta el 42% de la producción agrícola nacional. Las pérdidas por infiltración y evaporación ascienden a más de 60% del agua almacenada y distribuida para fines agrícolas.[14].

Al respecto de la eficiencia con que se usa el agua de riego, Insunza, Mendoza Catalán *et al* (2006)[15] señalan que

---

[13] **Comisión Nacional del Agua (2015)**: *Atlas del Agua en México*. Conagua. Documento disponible
en: http://www.conagua.gob.mx/CONAGUA07/Publicaciones/Publicaciones/ATLAS2015.pdf

[14] **Agua.org.mx Fondo para la Comunicación y la Educación Ambiental A.C.** *Op. Cit.* Visión general del agua en México. Disponible en: https://agua.org.mx/cuanta-agua-tiene-mexico/. Última consulta: 10 21 de agosto, 2020.

[15] **Insunza Ibarra Marco Antonio, Mendoza Moreno Segundo Felipe, Catalán Valencia Ernesto Alonso, Villa Castorena Ma. Magdalena, Sánchez Cohen Ignacio y Román López Abel. 2007**. Productividad del chile jalapeño en condiciones de riego por goteo y acolchado plástico. Revista Fitotecnia Mexicana, vol.30, núm.4, 2007,pp.429-436. ISSN 0187-7380. Sociedad Mexicana de Fitogenética, A.C. Chapingo,México. Disponible en file:///C:/Users/HP/Desktop/Tesis%20Chile%20seco%20versus%20chile%20verde%20Chihuahua/p

"Además de la menor disponibilidad de agua para uso agrícola, también se tiene el problema de la sobreexplotación de este recurso. A nivel nacional, la eficiencia global del riego parcelario es de alrededor de 45 %, que indica que más de la mitad del agua disponible se pierde durante su distribución y conducción hacia las parcelas. En la Comarca Lagunera la sobreexplotación del agua subterránea durante el periodo de 1992-2002 causó un abatimiento del nivel estático del acuífero subterráneo de 1.5 m por año. El método de riego por superficie sigue siendo el más utilizado en México ya que se aplica en 94 % del área irrigada. Por tanto, existe la necesidad de incrementar la eficiencia del riego mediante el cambio al sistema de riego presurizado en combinación con otras técnicas, como fertirrigación y acolchado plástico, especialmente en cultivos de alto valor comercial como las hortalizas."

El agua dulce de que podemos disponer los humanos en el mundo es muy poca, quien más la usa es la agricultura y ganadería, y la usa con muy poca eficiencia, su uso es poco productivo en términos económicos, ya que el mismo volumen de agua genera en la agricultura cerca de MX$2 de

roductividad%20del%20chile%20jalape%C3%B1o%20en%20condiciones%20de%20riego%20por%20goteo%20y%20acolchado%20plastico.pdf beneficio mientras que en la industria ese volumen genera MX$523 de beneficio[16]. No porque la agricultura sea la responsable de alimentar al mundo, se le puede exonerar de responsabilidad y no exigirle incurra en un uso racional, eficiente y productivo del agua, en tanto bien demasiado escaso.

En tanto la ciencia de la Economía Agrícola no trata sobre la agricultura, sino que la agricultura es simplemente la materia prima sobre la que recaen los principios metodológicos, definiciones, postulados y modelos matemáticos que rigen en la Economía, según lo asienta Flores (1986)[17], de esa forma, en este trabajo no se estudia al cultivo de chile (*Capsicum annum)*, este cultivo es solamente el objeto sobre el que recae la concepción económica de lo que es la ***eficiencia y roductividad del agua utilizada en la producción***, entendida la productividad económica del agua como la cantidad de producto (kg, MX$, USD, empleo) que puede lograrse mediante el uso de una unidad volumétrica (m^3, hm^3) dada de agua, y entendida la eficiencia como la cantidad del recurso o insumo utilizado en la producción por cada unidad de producto elaborado.

---

[16] **Agua.org.mx Fondo para la Comunicación y la Educación Ambiental A.C**. *Op. Cit.*
[17] **Flores, E. 1986**. Tratado de Economía Agrícola. Fondo de Cultura Económica. México, DF

Dado que el ***problema a tratar*** dentro del cual se inserta este estudio, es la ***escasez del recurso agua***, y dado que la ciencia de la Economía Agrícola tiene su razón de ser en la asignación de recursos escasos con usos excluyentes entre sí, y siempre para optimizar determinados objetivos, como la sustentabilidad de la producción a largo plazo, así como la optimización del empleo y la riqueza generada, y más aún de su equitativa distribución, entonces, en este estudio se generarán indicadores numéricos sobre el uso eficiente y/o productivo del agua utilizada en la producción, para que estos indicadores le permitan a aquellos que toman decisiones sobre la asignación del recurso agua entre las diferentes alternativas de uso agrícola a la que puede estar sujeto, el tomar las decisiones más acertadas que impliquen la mayor sustentabilidad a largo plazo.

II.   OBJETIVOS PARTICULARES E HIPÓTESIS

2.1 Objetivo particular

Determinar indicadores de _productividad_ y _eficiencia_ del agua usada en la producción de los cultivos de chiles (_Capsicum annum L._) seco y verde en el principal municipio productor de ese cultivo en 2019, el municipio de Ascensión, Chihuahua, México y contrastarles entre sí

2.2   Hipótesis

Primera hipótesis: El agua usada en el riego en la producción del cultivo de chile (_Capsicum annum_) **<u>seco</u>** en el municipio de Ascensión, Chihuahua, México, tendrá una **mayor _productividad y eficiencia <u>física</u>_** (medida la productividad física del agua –PFA– y la eficiencia física del agua –EFA– usada en la producción en forma de kg de chile por m^3 de agua y m^3 de agua por kg de chile producido, abreviados como kg m^{-3} y m^3 kg^{-1} respectivamente) que la PFA y EFA del cultivo de chile (_Capsicum annum L._) **<u>verde</u>** producido en el mismo municipio.

Segunda hipótesis: El agua usada en el riego en la producción del cultivo de chile (_Capsicum annum_) **<u>seco</u>** en el municipio de Ascensión, Chihuahua, México, tendrá una **mayor *productividad y eficiencia* <u>económicas</u>** (medida la productividad económica del agua –PEA– y la eficiencia económica del agua –EEA– usada en la producción en forma de USD de ganancia por hm^3 de agua y m^3 de agua por cada USD de ganancia producida, abreviados como USD hm^{-3} y m^3 USD^{-1} respectivamente) que la PEA y la EEA del cultivo de chile (*Capsicum annum L.*) <u>**verde**</u> producido en el mismo municipio.

Tercera hipótesis: El agua usada en el riego en la producción del cultivo de chile (*Capsicum annum*) <u>***seco***</u> en el municipio de Ascensión, Chihuahua, México, tendrá una **mayor *productividad y eficiencia* <u>sociales</u>** (medida la productividad social del agua –PSA– y la eficiencia social del agua –PSA– usada en la producción en forma de Empleos permanentes equivalentes generados por hm^3 de agua y m^3 de agua por cada empleo permanente equivalente producido, abreviados como empleos hm^{-3} y m^3 empleo^{-1} respectivamente) que la PSA y la ESA del cultivo de chile (*Capsicum annum L.*) <u>**verde**</u> producido en el mismo municipio.

III.   REVISIÓN DE LITERATURA

3.1 Taxonomía, variedades y características del chile

La taxonomía del chile es la señalada en la figura 2: reino Plantae, División: magnoliophyta; Familia Solanacea, Subfamilia Solanoideae, Tribu Capsiceae, Genero Capsicum, Especie: *capsicum annum L.*

Hay solo una variedad aceptada como tal: *Capsicum annum* var. *Glabriusculum* (Dunal) Heiser y Pickersgill, todos los innumerables taxones infraespecíficos creados, menos uno (*Capsicum annuum* var. *Glabriusculim* (Dunal) Heiser y Pichersgill son sinónimos de la especie[18]. No obstante, es permitido llamarles variedades a los chiles que se señalan en la figura 3.

---

[18] Fuente: Capsicum annuum L. Taxonomía. Disponible en https://es.wikipedia.org/wiki/Capsicum_annuum#:~:text=Capsicum%20annuum%2C%20com%C3%BAnmente%20pimiento%2C%20chile,Capsicum%2C%20de%20l a%20familia%20Solanaceae.: última consulta 29 de agosto, 2020

Taxonomía	
Reino:	Plantae
División:	Magnoliophyta
Clase:	Magnoliopsida
Subclase:	Asteridae
Orden:	Solanales
Familia:	Solanaceae
Subfamilia:	Solanoideae
Tribu:	Capsiceae
Género:	Capsicum
Especie:	Capsicum annuum

Figura 3: Taxonomía del chile (*Capsicum annuum L.*)[19]

---

[19] Fuente: Capsicum annuum L. Taxonomía. Disponible en https://es.wikipedia.org/wiki/Capsicum_annuum#:~:text=Capsicum%20annuum%2C%20com%C3%BAnmente%20pimiento%2C%20chile,Capsicum%2C%20de%20la%20familia%20Solanaceae.: última consulta 29 de agosto, 2020

Dentro de los chiles secos los de mayor demanda nacional son el chile ancho, guajillo, mirasol, pasilla, colorado y de árbol, dentro de los chiles verdes, los más demandados en México son el jalapeño, serrano, poblano, bel pepper (o morrón), chilaca y Anaheim. Son más de cien variedades concentradas en 22 grupos de verdes y 12 de secos, entre los cuales destacan el jalapeño, el serrano, poblano, así como algunos chiles dulces como el bell pepper o pimiento morrón[20].

Lo que da su característica esencial al chile, su sabor picante, está dado por la capsicina, el cual es una sustancia química cien veces más picante que la pimienta, el cual estimula a la liberación de neurotransmisores e incentiva los puntos receptores de dolor de la lengua y el paladar. El cerebro responde con endorfinas que incrementan el metabolismo liberando más saliva y sudor.

---

[20] SIAP, 2020. *Op. Cit.*

Nombre	Estados
Jalapeño	Baja California, Baja California Sur, Campeche, Chiapas, Chihuahua, Colima, Durango, Guanajuato, Guerrero, Hidalgo, Jalisco, Estado de México, Michoacán, Morelos, Nayarit, Nuevo León, Oaxaca, Querétaro, Quintana Roo, San Luis Potosí, Sinaloa, Sonora, Tabasco, Tamaulipas, Veracruz, Yucatán y Zacatecas.
Serrano	Baja California Sur, Chihuahua, Coahuila, Colima, Guanajuato, Guerrero, Hidalgo, Jalisco, Estado de México, Michoacán, Morelos, Nayarit, Nuevo León, Oaxaca, Puebla, Querétaro, Quintana Roo, San Luis Potosí, Sinaloa, Sonora, Tabasco, Tamaulipas, Tlaxcala, Veracruz y Zacatecas.
Habanero	Baja California Sur, Campeche, Chiapas, Chihuahua, Colima, Jalisco, Michoacán, Nayarit, Nuevo León, Oaxaca, Quintana Roo, San Luis Potosí, Sonora, Tabasco, Tamaulipas, Veracruz, Yucatán y Zacatecas.
Poblano	Aguascalientes, Baja California Sur, Chihuahua, Coahuila, Colima, Durango, Guanajuato, Jalisco, Michoacán, Morelos, Nuevo León, Puebla, Querétaro, San Luis Potosí, Sinaloa, Sonora, Tamaulipas, Veracruz y Yucatán.
Morrón	Baja California, Baja California Sur, Jalisco, Morleos, Sinaloa y Sonora.

Figura 4: Variedades de chile y estados productores en México[21]

---

[21] **SIAP, 2020**. Un panorama del cultivo del chile. Disponible en: file:///C:/Users/HP/Desktop/Tesis%20Chile%20seco%20versus%20chile%20verde%20Chihuahua/panorama%20del%20cultivo%20del%20chile.pdf. Ultima consulta: 27 de agosto, 2020.

El nivel de picante puede variar de una planta a otra, debido a las condiciones medioambientales y del suelo en que se encuentra la planta. Se usa la escala de *Scoville*, para medir cuan picante es un tipo de chile. Esta escala se basa en medir cuantas veces hay que diluir en agua un extracto tantas veces como sea necesario para que sea imperceptible la capsicina. La capsicina se encuentra en las venas y en las semillas del chile[22]

De esta manera, de la figura 5 se puede observar que el chile más picoso es el chile habanero, ya que, de acuerdo a la escala de Scoville, se necesita de 100 mil a 445 mil diluciones del extracto para que la capsicina sea imperceptible, mientras que en el extremo opuesto, el menos picoso, es el pimiento morrón, pues se requiere de cero diluciones, es decir, presenta ausencia de capsicina.

---

[22] SIAP, 2020. *Op. Cit.*

Figura 5: Escala de Scoville **para medir cuán picoso es un chile**[23]

---

[23] SIAP, 2010. *Op. Cit.*

Por ello es que suele llamárselo pimiento dulce, ya sea verde, amarillo o rojo, el chile serrano, de los más usuales en la comida mexicana, tiene una relativamente baja escala, con 5 mil a 23 mil diluciones, el jalapeño es aún menos picante que el serrano, con una escala de 2,500 a 5,000 diluciones, el chile chiltepín es el segundo más picante, por debajo del chile habanero, con un índice de Scoville de 100 mil a 200 mil, el chile de árbol, también de lo más usual en la cocina mexicana, se ubica en la escala en un índice de 15 mil a 30 mil diluciones para hacer desparecerle lo picoso.

El chile está tan ligado a la identidad del mexicano, que de acuerdo con el secretario de Agricultura, Víctor Villalobos Arámbula, en el sorteo Numero 274, la Lotería Nacional Para la Asistencia Pública (LOTENAL) develó el billete que en septiembre se emitirá, en él, el aparece la figura del chile, pues: "En reconocimiento a la importancia del chile en nuestra identidad cultural y gastronómica, el Gobierno de México celebró el foro Nuestra riqueza, el chile, donde se reconoció el trabajo de más de 50 mil productores nacionales que han logrado, en los últimos 10 años y sin incrementar la superficie de cultivo, elevar la producción en 64.2 por ciento al pasar de 1.94 millones a 3.18 millones de toneladas al año.

Se trata de un crecimiento acorde con el plan estratégico del Gobierno de México, en el sentido de mejorar la productividad del campo sin incrementar la frontera agrícola, al establecer su cultivo en una media nacional de 150 mil hectáreas, con más de 50 mil unidades de producción que generan cerca de 15 millones de jornales anuales, informó el secretario de Agricultura y Desarrollo Rural, Víctor Villalobos Arámbula.

El funcionario federal reconoció el trabajo del Comité Nacional del Sistema Producto Chile e indicó que, de un registro de 29 tipos de chile cultivados, cuatro variedades contribuyen con el 77.9 por ciento del volumen de producción nacional: chile jalapeño, que aporta el 31.2 %; seguido de morrón, con 21.7 %; poblano, con 13.7 %, y serrano, con 11.3 %.

Destacó que, así como se tienen variedades altamente rentables, bajo sistemas intensivos en la agricultura comercial, que van directo a la exportación, la industria y el uso medicinal, existen otros chiles especiales poco conocidos, cultivados bajo métodos tradicionales y con distribución local, pero de gran importancia.

Afirmó que, en conjunto con instituciones, productores, académicos e investigadores, se promueve el otorgamiento de más denominaciones de origen, de los distintos tipos de chile, como una vía para recuperar el conocimiento tradicional, darles valor agregado, difundirlos y que se conviertan en alternativas rentables para los campesinos.

Subrayó que a través de las estrategias previstas en el Programa Sectorial de Agricultura se están delineando programas inclusivos para dar atención prioritaria a las productoras y productores históricamente excluidos, principalmente del centro y sur sureste del país, aprovechando el potencial regional y los mercados locales.

En adición a este esfuerzo, abundó, se promueve la inversión de empresas hortícolas en proyectos estratégicos, que contemplan ***el uso eficiente del agua***, cultivos nativos, reconversión productiva, esquemas de aseguramiento, buenas prácticas agrícolas e integración de cadenas productivas, todo en pro de una agricultura sostenible."[24]

El cultivo del chile, como cualquier otro producto agrícola, está sujeto a riesgos en la producción, los riesgos más usuales, así como la forma de controlarlos, son los señalados en la figura 6.

---

[24] **La Jornada. 20 de julio de 2020.** Reconoce el gobierno de México la importancia del chile en identidad cultural y gastronómica del país. (bastardillas y negrillas nuestras) Disponible en https://www.tallapolitica.com.mx/reconoce-gobierno-de-mexico-la-importancia-del-chile-en-identidad-cultural-y-gastronomica-del-pais/.

Principales riesgos en México					
Plagas		**Enfermedades**		**Climáticos**	
Casos	**Control**	**Casos**	**Control**	**Casos**	**Control**
Picudo del chile Gusano que devora el interior de un chile impidiendo la madurez.	Aplicación de arseniato de calcio, arseniato de plomo o sulfato de nicotina. Incineración de cultivo dañado. Dejar de sembrar para que el gusano muera de inanición.	*Chahuixtle* Hongo que marchita las plantas (época de lluvias)	Incineración. Desinfección de las semillas.	Heladas	Crear nubes artificiales incendiando estiércol y basura. Riego prematuro.
Gallina ciega Ataca las raíces hasta secarlas	No abonar con estiércol. Usar aves domésticas para reducir la población de larvas. Inundación del cultivo.	*Marchitez* Hongo que marchita la planta.	Incineración. Rotación de cultivos.	Granizo	Cortar las partes heridas de la planta.
Pulga Debilita las plantas e impide su crecimiento	Destruir mala hierba antes del trasplante. Aplicar sulfato de nicotina, compuestos arsenicales o ácido fénico.	*Antracnosis* (Hongo que mancha y perfora las hojas)	Aplicación de caldo bordelés. Desinfección de la semilla.	Lluvias	Sistemas de desagüe eficiente.
Tortuguilla del chile Ataca las hojas y disminuye la planta rápidamente	Aplicar sulfato de nicotina, compuestos arsenicales o ácido fénico.	*Hervidera* Hongo que provoca la podredumbre del fruto	Incineración. Desinfección de las semillas.		
Chapulín Devora las hojas y los frutos	Destruir mala hierba antes del trasplante. Formar zanjas Aplicar compuestos arsenicales.				
Roedores Devoran semillas, plantas y frutos	Uso de cebos envenenados.				

Fuente: *Estudio Teórico y Práctico del Cultivo del Chile*. Díaz Del Pino, Alfonso. Universidad de Chapingo. pp. 38-46.

***Figura 5:* Principales riesgos y su control en el cultivo de chile en México[25].**

---

[25] SIAP, 2020. *Op. Cit.*

3.2   La producción de chile en México

"En 2018, México ocupó el segundo lugar mundial en producción de chile verde y el tercero en superficie cultivada, los principales destinos de exportación son Estados Unidos, Canadá y Reino Unido", refirió El subsecretario de Agricultura, Miguel García Winder, dijo que en promedio un mexicano consume 18 kilos de chile al año, mientras se alimenta de 12 kilos de frijol en el mismo periodo"[26]

En la misma fuente del párrafo anterior, se señala que el representante no gubernamental del Sistema Producto Nacional Chile, Virgilo Morales Lara, mencionó a La Jornada que: " … el chile es un cultivo que se domesticó hace seis mil años y desde entonces es un elemento representativo de la gastronomía mexicana, con un amplio potencial de mercado en el ámbito internacional, y contribuye con más del 20 por ciento de la producción nacional de hortalizas en el país. Expresó que en México se producen diversas variedades que van desde el jalapeño, morrón, serrano, poblano y habanero,

---

[26] **La Jornada, 20 de julio, 2020. Producción de chile se incrementó 64.2% en los últimos 10 años: SADER. Disponible en:**
https://www.jornada.com.mx/ultimas/sociedad/2020/07/20/produccion-de-chile-se-incremento-64-2-en-los-ultimos-10-anos-sader-5116.html. Ultima consulta 27 de agosto, 2020.

que posicionan al país como el segundo productor mundial del chile, con exportaciones a 42 países"[27]

El cuadro 1 muestra la importancia relativa del valor de la producción del cultivo de chile verde dentro del valor de la producción agrícola nacional.

Cuadro 1: Aporte del chile al valor de la producción agrícola nacional de riego en 2019

Cultivo	Superficie cosechada (ha)	Valor de la producción (miles de millones de pesos)
Chile verde	134,065.27	31.61
Otros 169 cultivos	4,013,242.39	224.12
Total Naconal	4,147,307.66	255.72
% en relacion al nacional:		
Chile verde	3.2%	12.4%
Otros 169 cultivos	96.8%	87.6%
Total Naconal	100.0%	100.0%

Fuente: Elaboración propia, con base en cifras de SIAP (2024). Cierre agrícola 2019. https://nube.siap.gob.mx/cierreagricola/

---

[27] **La Jornada, 20 de julio, 2020.** *Op. Cit.*

El cuadro 1 muestra que con 134,065.27 ha de riego el   De acuerdo con el cuadro 1, el chile verde en México ocupó 3.2% de las hectáreas irrigadas por un universo de 170 cultivos, asimismo señala la fuente que con ese 3.2% de la superficie cosechada, con 31.61 miles de millones de pesos, el chile verde aportó el 12.4% del valor de la producción agrícola de riego a nivel nacional.

En 2019 la producción de chile (*Capsicum annuum L.*) verde en México, de acuerdo con el cuadro 2, se caracterizó por que a nivel nacional se cosecharon 99,892 ha de chile, mismas que produjeron un volumen de 1,849,875 ton, asimismo, a nivel nacional el rendimiento físico "RF" promedio por hectárea fue de 18.52 ton, por otra parte, la fuente muestra que el estado de Chihuahua no es el primero en cuanto a superficie cosechada, ya que ese lugar lo ocupó el estado de Zacatecas, con 35,416 ha, equivalente al 35.48% de la superficie nacional cosechada de chile verde, contra 20,236.74 ha cosechadas en Chihuahua, equivalente al 20.26% de la superficie cosechada nacional de chile verde, pero, en cuanto al volumen de chile producido, Chihuahua ocupó el primer lugar, con 610,723.87 ton, equivalente al 33.02% de la producción nacional de chile verde contra las 449,239 ton de Zacatecas, equivalentes al 24.29%, el tercer principal estado productor fue San Luis Potosí, con 23% y 15.4% de la producción.

Cuadro 2: Producción (ton) de los principales estados productores de chile *(capsicum annum L.)* verde en México, 2019

Estado	Superficie cosechada (ha)	Producción (ton)	Rendimiento físico (ton/ha)
Chihuahua	20,236.74	610,723.87	30.18
Zacatecas	35,446.00	449,239.00	12.67
San Luis Potosí	22,962.00	284,848.00	12.41
Michoacán	3,453.00	105,705.00	30.31
Jalisco	3,009.00	87,600.00	29.13
otros 24 estados	14,785.26	311,559.13	21.07
Total	99,892.00	1,849,675.00	18.52
% en relación al total nacional			
Chihuahua	20.3%	33.0%	163%
Zacatecas	35.5%	24.3%	68%
San Luis Potosí	23.0%	15.4%	67%
Michoacán	3.5%	5.7%	164%
Jalisco	3.0%	4.7%	157%
otros 25 estados	14.8%	16.8%	114%
Total	100.0%	100.0%	100%

Fuente: Elaboración propia, con base en cifras de SIAP-SADER (2020) Cierre agricola 2019. Disponible en http://infosiap_siap.gob.mx/aagricola_siap_gob/cultivo/

Michoacán y Jalisco ocuparon son el cuarto y quinto lugar entre los estados productores, con volúmenes de producción muy lejanos al de Chihuahua.

De entre los 30 estados productores de chile, los cinco principales ya señalados en el cuadro 2, Chihuahua, Zacatecas, San Luis Potosí, Michoacán y Jalisco, ocuparon 852 ha de cada 1000 ha cosechadas y aportaron 831 kg de cada tonelada de chile verde producido en el país, en contraparte, los 25 restantes estados productores, apenas representaron el 14.8% de la superficie cosechada nacional y el 16.8% de la producción nacional (ver cuadro 2)

En lo referente al rendimiento físico "RF" por hectárea, el cuadro 2 señala que a nivel nacional, la hectárea promedio cosechada de chile verde produjo 18.52 ton, observándose que por su enorme volumen aportado a la producción nacional, es Chihuahua el estado que da su propia impronta al rendimiento nacional, Chihuahua tuvo un rendimiento físico por hectárea 63% superior a la media nacional con 30.18 ton ha^{-1}, ya que, aunque existen otros estados con un RF superior al promedio nacional, o incluso superiores al RF de Chihuahua, dado que sus aportes son meramente marginales, no tienen gran efecto en el rendimiento físico promedio nacional, los otros dos principales estados productores, Zacatecas y San Luis Potosí, tuvieron un RF inferior a la media nacional.

El cuadro 3 contiene las cifras de la superficie cosechada, producción y valor de la producción de chile verde y chile seco en el estado de Chihuahua en 2019 a nivel de los tres principales municipios productores de esta hortaliza.

Del cuadro 3 se puede observar que a las 20,236.74 ha de chile verde ya señaladas del cuadro 2 se le sumaron 7,564 ha cosechadas de chile seco en el estado, dando así un total de 27,801 ha, de las cuales, la superficie de chile verde produjo las ya señaladas 610,723.87 ton de chile verde, a las que se les añadieron 14,272 ton de chile seco, teniéndose así un total de ambos chiles del orden de 624,996 ton, que tuvieron un valor en el mercado igual a MX$ 4,228,704,453, de los cuales el 86.55% los generó el chile verde mientras que el restante 13.45% lo aportó el chile seco.

Cuadro 3: Producción de chiles (Capsicum annuum L.) seco y verde por municipio en el estado de Chihuahua, 2019. VBP en millones de pesos nominales

Municipio	chile verde			Chile seco		
	Superficie cosechada (ha)	Producción (ton)	VBP	Superficie cosechada (ha)	Producción (ton)	VBP
Ascensión	3,610	82,820	564	784	1,754	53
Janos	2,892	67,490	408	641	1,488	48
Delicias	2,120	88,900	422	-	-	-
Restantes 26 municipios productores	11,614.74	371,513.87	2,265.48	6,139.00	11,030.20	467.76
Total	20,236.74	610,723.87	3,659.99	7,564.00	14,272.20	568.71
% en relación al total del estado:						
Ascensión	17.8%	13.6%	15.4%	10.4%	12.3%	9.3%
Janos	14.3%	11.1%	11.2%	8.5%	10.4%	8.4%
Delicias	10.5%	14.6%	11.5%	0.0%	0.0%	0.0%
Restantes 26 municipios productores	57.4%	60.8%	61.9%	81.2%	77.3%	82.2%
Total	100.0%	100.0%	100.0%	100.0%	100.0%	100.0%

Fuente: Elaboración propia, con base en cifras de SIAP (2020). Cierre agrícola 2019

De los 67 municipios del estado, el chile se produjo en 29 municipios, no obstante, semejante a lo que sucede con la producción de chile por estado, analizada en el cuadro 2, a nivel municipal, solo los tres municipios señalados concentran 2/5 partes (38%) del VBP de chile estatal.

Ascensión es el municipio más importante en la producción de chile (ambos chiles, seco y verde) en el estado de Chihuahua, pues de acuerdo con el cuadro 3 con 4,394 ha cosechadas, 84,574 ton y MX$ 617,460,111 de valor de producción es el municipio que más porcentaje aporta a cada uno de esos tres rubros: 14.6% a la superficie cosechada, 15.8% a la producción del estado y 13.5% al VBP de ambos cultivos (chile verde y chile seco). La superficie, producción y valor desagregados en chiles verde y seco, en ese orden para el municipio de Ascensión, fueron las siguientes cifras: 3,610 y 784 ha, 82,820 y 1,754 ton y MX$ 564,370, 811 y MX$ 53,089, 300 respectivamente (ver cuadro 3)

El cuadro 4 registra a los rendimientos físicos por hectárea, los precios ponderados[28] por tonelada y el ingreso ponderado por hectárea generado por el cultivo de chile en el estado de Chihuahua. Así, se observa que el ingreso

---

[28] ponderado por que se refiere al precio del chile, en abstracto, es decir, no desagregado en verde y seco, el cual proviene de dividir el VBP de ambos chiles entre la superficie cosechada de ambos chiles

monetario que una hectárea cosechada de chile genera a nivel de todo el estado, un monto igual a MX$ 152,108, arriba de ese promedio estatal se encuentran 17 municipios, observándose que el municipio de Ascensión se encuentra por debajo, ya que su ingreso por hectárea es 8% inferior al promedio estatal, debiéndose al bajo rendimiento físico, ya que el RF es igual a solamente el 86% el del estado en promedio, lo que le ayuda, más no mucho, ya que no contrarresta el mal efecto que trae el bajo rendimiento, es que su precio se ubicó 8% arriba del promedio estatal, no obstante, es de observarse que los precios de 15 municipios, aparte de Ascensión, tuvieron mejores precios que el promedio estatal, de hecho, 12 de esos municipios tuvieron un ´precio por tonelada superior al de Ascensión.

Debe tenerse presente que como toda forma de ingreso, el ingreso por hectárea es una variable dependiente de dos variables independientes: RF y el precio, ya que la ecuación matemática que define toda forma básica de ingreso es: I= q*p donde "q" es la cantidad (en nuestro caso es RF) y "p" es el precio por unidad (por tonelada en este caso), así que, si se desea tener claridad en por que el ingreso sube o baja, o es inferior o superior a otros cultivos, su análisis es al través de estas dos variables independientes: RF y P.

Cuadro 4: Ingreso monetario por hectárea en la producción ponderada de chile (sin desagregar en chile verde y chile seco) por municipio en el estado de Chihuahua, 2019. cifras monetarias en MX$ nominales

Municipio	a) Rendimiento físico (ton/ha)	b) Precio (MX$)/ton	Ingreso por ha =a*b	RF estatal = 1.00	Precio estatal = 1.00	Ingreso estatal = 1.00
Ascensión	19.25	$ 7,301	$ 140,523	0.86	1.08	0.92
Janos	19.52	$ 6,612	$ 129,099	0.87	0.98	0.85
Delicias	41.93	$ 4,746	$ 199,008	1.87	0.70	1.31
Ojinaga	20.53	$ 10,581	$ 217,247	0.91	1.56	1.43
Nuevo casas Grandes	20.64	$ 6,577	$ 135,788	0.92	0.97	0.89
Casas Grandes	18.53	$ 6,970	$ 129,141	0.82	1.03	0.85
Meoqui	40.54	$ 5,163	$ 209,325	1.80	0.76	1.38
Saucillo	41.57	$ 5,766	$ 239,653	1.85	0.85	1.58
Jiménez	56.41	$ 4,491	$ 253,340	2.51	0.66	1.67
Rosales	42.79	$ 4,927	$ 210,817	1.90	0.73	1.39
Allende	21.33	$ 11,433	$ 243,865	0.95	1.69	1.60
Ahumada	20.91	$ 7,148	$ 149,454	0.93	1.06	0.98
López	20.71	$ 6,911	$ 143,118	0.92	1.02	0.94
Buenaventura	4.82	$ 17,802	$ 85,718	0.21	2.63	0.56
San Francisco	40.00	$ 3,364	$ 134,560	1.78	0.50	0.88
Camargo	43.50	$ 3,076	$ 133,806	1.93	0.45	0.88
Julimes	30.49	$ 5,786	$ 176,395	1.36	0.86	1.16
Aldama	31.59	$ 8,114	$ 256,316	1.41	1.20	1.69
Galeana	3.94	$ 21,555	$ 84,924	0.18	3.19	0.56
Rosales	43.00	$ 4,756	$ 204,500	1.91	0.70	1.34
La Cruz	40.00	$ 4,738	$ 189,500	1.78	0.70	1.25
Balleza	16.45	$ 11,840	$ 194,780	0.73	1.75	1.28
Coronado	29.84	$ 4,315	$ 128,739	1.33	0.64	0.85
Chihuahua	25.25	$ 7,672	$ 193,711	1.12	1.13	1.27
Juárez	26.00	$ 8,274	$ 215,111	1.16	1.22	1.41
Parral	27.20	$ 7,490	$ 203,702	1.21	1.11	1.34
Matamoros	35.00	$ 7,929	$ 277,500	1.56	1.17	1.82
Valle de Zaragoza	32.04	$ 13,060	$ 418,400	1.43	1.93	2.75
Namiquipa	12.67	$ 8,200	$ 103,867	0.56	1.21	0.68
PROMEDIO ESTATAL	22.48	$ 6,766	$ 152,108	1.00	1.00	1.00

Fuente: Elaboración propia, con base en el cuadro 3

En el caso del municipio de Ascensión, en términos absolutos, el ingreso por hectárea fue de MX$ 140,523, el cual provino de un RF de 19.25 ton ha^{-1} y un precio por tonelada igual a MX$ 7,301 (ver cuadro 4).

3.3 Delimitación del concepto de productividad del agua y estudios diversos sobre ella

El concepto de huella hídrica, fue creado en la Universidad de Netherland, por Hoekstra y colaboradores como Chapagaine, Mekonnen, Hung,(2002)[29] [30] [31] [32], le definieron como la cantidad de agua que demanda un bien en su elaboración, comprendiendo no solo el agua usada en el proceso de producción, sino comprende además el agua virtual gastada en todos y cada uno de los insumos usados en la producción, así como el agua virtual gastada en el

---

[29] **Chapagain, A.K. y Hoekstra, A.Y. (2003).** Virtual water flows between nations in relation to trade in livestock and livestock products. Value of Water Research Report Series No. 13, UNESCO-IHE. Delft, The Netherlands

[30] **Hoekstra, A.Y. y Chapagain, A.K. (2008).** Globalization of water: Sharing the planet's freshwater resources. Blackwell Publishing. Oxford, UK.

[31] **Hoekstra A. Y. and Hung P. Q. – September 2002** 12. Virtual water trade: Proceedings of the international expert meeting on virtual water trade. UNESCO-IHE. Delft, The Netherlands

[32] **Mekonnen M. M. and Hoekstra A. Y. – June 2010** 46. The green and blue water footprint of paper products: methodological considerations and quantification. UNESCO-IHE. Delft, The Netherlands

transporte, almacenamiento, más aún, comprende además al agua contaminada en el proceso de producción, almacenamiento y traslado.

Existe por otra parte, como parte integrante de la huella hídrica, el concepto de productividad del agua, el cual e define como la cantidad que puede lograrse de producto por unidad volumétrica de agua utilizado en la producción, el producto puede ser físico (kg por ejemplo), económico (unidades monetarias obtenidas de ingreso o de ganancia) o social (empleos por ejemplo), la unidad volumétrica de agua pueden ser galones, litros, metros cúbicos, hectómetros cúbicos[33]

No obstante lo meritorio de los aportes de Hoekstra y colaboradores, su compleja metodología, para nada explícita, hace difícil el cálculo del agua consumida en un producto en una región con condiciones específicas, por lo que Rios y colaboradores (2015[34], 2016[35], 2018[36]), determinaron en

---

[33] Un hectómetro cúbico es un cubo de 100 metros por lado, es decir, un hectómetro cúbico es igual a 1,000,000 m^3, se lo abrevia como hm^3

[34] **Rios- Flores., J.Luis, Torres M., Miriam, Castro F., Rafael, Torres M., M.A. Ruiz T. José. 2015.** Determinación de la huella hídrica azul en los cultivos forrajeros del DR017 Comarca Lagunera, México Rev. FCA UNCUYO, 2015. 47(1): 101-122, ISSN impreso 0370-4661. ISSN (en línea) 1853-8665, pp.93-107. Mendoza, Argentina

[35] **Rios-Flores, José Luis, Torres M. M. y Torres M., M. A. (2016 a).** Productividad agrícola del agua en nogal pecanero del norte de México. Casos: Comarca Lagunera y Delicias, Chihuahua. ISBN978-3-639-80166-8. Editorial Académica Española. Saarbrucken, Alemania.

primero lugar dos modelos matemáticos simples, explícitos y muy generales, uno para la eficiencia con que se usa el agua en la producción y otro para la productividad del agua usada en la producción;

$$Pr\ oductividad = \frac{cantidad\ de\ producto\ (físico,\ económico\ o\ social)}{Unidad\ de\ volumen\ de\ agua}$$

Ecuación 1

$$Eficiencia = \frac{cantidad\ de\ agua\ usada\ en\ la\ producción}{Unidad\ de\ producto\ (físico,\ económico\ o\ social)}$$

Ecuación 2

Y en base a estos dos modelos generales, elaboraron una serie de ecuaciones particulares para la productividad y eficiencia del agua en términos físicos, económicos y sociales, tanto para un solo cultivo en lo individual (maíz grano por ejemplo), como para un conglomerado de cultivos con un denominador común, los cultivos básicos (maíz grano, frijol, y trigo por ejemplo), tal como lo señala el cuadro 5 detallado a continuación:

---

[36] **Ríos-Flores, José Luis, Rios Arredondo, Becky Elizabeth, Cantú Brito, Jesús Enrique, Rios Arredodndo, Hebrián Efraín, Armendáriz Erives, Sigifredo, Chávez Rivero, José Antonio, Navarrete Molina, Cayetano & Castro Franco, Rafael. (2018).** Análisis de la eficiencia física, económica y social del agua en espárrago (*Asparagus officinalis L.*) y uva (*Vitis* vinífera) mesa del DR-037 Altar-Pitiquito-Caborca, Sonora, México 2018. *Revista de la Facultad de Ciencias Agrarias. Universidad Nacional de Cuyo*, 50(2). ISSN impreso 0370-4661, ISSN (en línea) 1853-8665. Mendoza, Argentina.

Cuadro 5: Modelos matemáticos utilizados para la medición de la productividad física (PFA), económica (PEA) y social (PSA) del agua usada en la producción.

Variable	Modelo para un cultivo en lo individual	Modelo para un agregado grupal de cultivos
1) PFA (en L kg^{-1})	$Y = 10^4 * LRi * (RFi * ECi)^{-1}$	$y = \dfrac{10^4 \sum_{i=1}^{n} S_i \; LR_i \; (EC_i)^{-1}}{\sum_{i=1}^{n} S_i \; RF_i}$
2) EFA (kg m^3)	$Y = 10^{-1} * RFi * ECi * LRi^{-1}$	$y = \dfrac{10^{-1} \sum_{i=1}^{n} S_i \; RF_i}{\sum_{i=1}^{n} S_i \; LR_i \; (EC_i)^{-1}}$
3) EEA (m^3 USD de ganancia^{-1})	$y = \dfrac{10^4 \left(\dfrac{LR_i}{EC_i} \right)}{RF_i \left(\dfrac{p_i}{PC} \right) - \left(\dfrac{C_i}{PC} \right)}$	$y = \dfrac{10^4 \sum_{i=1}^{n} S_i \; LR_i \; (EC_i)^{-1}}{\sum_{i=1}^{n} S_i \; ((RF_i \; p_i - C_i)/PC)}$
4) PEA (miles de USD de ganancia[37] hm^{-3})	$y = 10^2 \, g_i \, EC_i \, (LR_i)^{-1}$	$y = \dfrac{10^2 \sum_{i=1}^{n} S_i \; g_i}{\sum_{i=1}^{n} S_i \; LR_i \; (EC_i)^{-1}}$
5) PSA (Empleos hm^{-3})	$y = \dfrac{25 \; J_i}{72 \, (LR_i \, / \, EC_i)}$	$y = \dfrac{25 \sum_{i=1}^{n} S_i J_i}{72 \sum_{i=1}^{n} S_i \, (LR_i \, / \, EC_i)}$
6) ESA (m^3 empleo^{-1})	$y = \dfrac{2.88 * 10^6 \, LR_i}{J_i EC_i}$	$y = \left(2.88 * 10^6 \right) \dfrac{\sum_{i=1}^{n} S_i (LR_i / EC_i)}{\sum_{i=1}^{n} S_i J_i}$

Fuente: Elaboración propia, con base en los modelos matemáticos estimadores de la PFA, PEA, PSA, EFA, EEA y ESA para un cultivo en lo individual o para agregados de cultivos de Rios *et al*, 2015 a *op cit*, Rios *et al* (2018 *op cit*) y Rios y Navarrete (2017).

---

[37] La ganancia "g" de este modelo es el denominador que va en el modelo de la EEA para un cultivo en lo individual, ya señalado con anterioridad $g = Rf(p / PC) - (C / PC)$

Así, las ecuaciones del cuadro 5 permiten diferenciar los conceptos productividad y eficiencia del agua usada en la producción, dado que tienen diferente connotación, el primero, sugiere cuanto producto de obtiene por unidad volumétrica de agua usada, mientras que el segundo señala cuánta agua se usó para producir una unidad de producto físico, económico o social.

Cuando en las ecuaciones generales 1 y 2 se especifican ya si se trata de unidades físicas (ton, kg, libras, etc.), o económicas (unidades monetarias de ingreso, ganancia, valor agregado, salario, etc.) o sociales (como el empleo generado, bienestar, etc.), entonces las *ecuaciones generales* 1 y 2 asumen la forma de las *ecuaciones específicas* señaladas en el cuadro 5.

Gleick (1994)[38] señala que "Los recursos y el medio ambiente desempeñan un papel de creciente importancia en las relaciones internacionales, la guerra y la definición de seguridad global. En particular, las conexiones entre el recurso agua y los conflictos violentos son múltiples y diversos; este elemento puede constituirse tanto en fuente de disputa como en objetivo o instrumento militar", es decir, el

[38] **Gleick, P. H. 1994.** Amarga agua dulce: Los conflictos por recursos hídricos. Ecología Política ISSN 1130-6378, No.8 (2° semestre), 1994, pag.85-106 disponible en: https://dialnet.unirioja.es/servlet/articulo?codigo=4289806

agua deviene en un recurso altamente estratégico en cuanto a seguridad nacional para los países, por lo que, su uso eficiente y productivo, no es un tema academicista, es *per se* un asunto de seguridad nacional para los países del mundo.

Así, se logró recopilar información sobre el estado que guarda la eficiencia y la productividad del agua en algunos cultivos del estado de Chihuahua, pero, se señaló en primer lugar, a los cultivos de chile seco guajillo y chile verde jalapeño del DR017 de La Comarca Lagunera, región vecina al estado de Chihuahua, para tener así elementos sobre la eficiencia y la productividad del agua, tal resumen aparece en forma esquemática en el cuadro 6. Del cuadro 6 se puede observar, en cuanto a la productividad del agua, de acuerdo con Delgado y García (2016)[39], que en términos físicos, económicos y sociales, el chile seco guajillo del DR017 tuvo indicadores de productividad física (PFA), económica (PEA) y social (PSA) del agua iguales a 0.2 kg m^{-3}, USD de ganancia 199,582 hm^{-3} y 30.3 empleos hm^{-3} respectivamente la PFA, PEA y PSA.

---

[39] **Delgado, R. Juan C. y García B. Francisco. 2016.** Huella hídrica del cultivo de chile (*Capsicum annuum* L.) producido en Zacatecas y el DR017 Comarca Lagunera. Tesis profesional Unidad Regional Universitaria de Zonas Áridas- Universidad Autónoma Chapingo, Bermejillo, Durango, México

Cuadro 6: Productividad del agua en algunos productos. PFA= Productividad física del agua; PEA=Productividad económica del agua; PSA=Productividad social del agua

Autor	Lugar	Producto	PFA (kg/m^3)	PEA (USD de ganancia/hm^3)	PSA (Empleos/hm^3)
Delgado y García, 2016	Villa de Cos,Zacatecas	chile seco guajillo	0.2	$ 199,583	30.3
Delgado y García, 2016	DR017	chile verde jalapeño	3.85	$ 639,364	58.3
Rios-Flores J. L. et al, 2017	Delicias	Cebolla PV	4.77	$ 689,318	54.14
Rios-Flores J. L. et al, 2017	Delicias	Cebolla OI	8.68	$ 650,622	75.23
Rios-Flores J. L. et al, 2017	DR005	toda la agriultura	2.23	$ 92,265	9.03
Rios-Flores, Torres y Azplicueta (2017)	Chihuahua	Manzana BT	0.91	$ 84,341	28.1
Rios-Flores, Torres y Azplicueta (2017)	Chihuahua	Manzana AT	3.18	$ 614,244	22.7
Rios, Torres y Torres (2016)	Chihuahua	Nogal pecanero	0.125	$ 45,701	3.9
Rios y Ruiz . 2019.	DR005	Leche bovina	sin datos	$ 20,196	sin datos
Rios y Ruiz . 2019.	DR005	toda la agricultura	sin datos	$ 119,000	sin datos
Rios y Ruiz . 2019.	DR017	Leche bovina	sin datos	$ 25,170	sin datos

Fuente: Elaboración propia, con base en cifras de los autores señalados

Mientras que sus índices de EFA, EEA y ESA (eficiencia física, económica y social del agua respectivamente, los cuales son los inversos de los índices de productividad) fueron los siguientes 5,000 L kg^{-1}, 5.0 m^3/USD de ganancia y 33,003 m^3/empleo respectivamente (ver cuadro 6)

Los mismos autores, Delgado y García (2016, *Op. Cit.*) en relación al chile verde jalapeño, determinaron que la productividad estuvo dada por los índices:

PFA: 3.85 kg m^{-3}; PEA: USD 639,364 hm^{-3}; y en la PSA: 58.3 empleos hm^{-3}

Mientras que la eficiencia del agua tuvo los siguientes indicadores:

EFA: 260 L kg^{-1}; EEA: 1.6 m^3/USD de ganancia y ESA: 17,153 m3/empleo. Es de observarse que el precio del agua fue muy diferente en ambos cultivos, ya que en el chile seco el precio del agua fue USD 0.049 m^{-3} y en el chile verde jalapeño fue USD 0.019 m^{-3} (ver cuadro 6)

Rios *et al* (2017)[40], para el cultivo de cebolla, producida tanto en el subciclo de primavera verano (PV) como en el de

[40] RÍOS-FLORES, José Luis, JACINTO-SOTO, Rodolfo, TORRES-MORENO, Marco Antonio y TORRES-MORENO, Miriam.2017. Huella hídrica del cultivo de cebolla producida en el DR005, Delicias, Chihuahua. 2017 En el libro: Ciencias de la Economía y Agronomía. Handbook T-I. rentabilidad de la producción agrícola en México. Pérez-Soto, Francisco, Figueroa. Hernándes, Esther, Godínez Montoya, Lucila, Salazar Moreno, Raquel. ECORFAN UAChapingo. ISSN 978-607-8534-32-6.

otoño invierno (OI) en el DR005 de Delicias, Chihuahua, así como para toda la agricultura de ese Distrito de Riego DR005, determinaron que sus PFA fueron 4.77 y 8.68 kg m^{-3} las cebollas de PV y OI respectivamente y 2.23 kg m^{-3} todo el sector agrícola, sus PEA (ganancia por hm^3) fueron las siguientes (en el mismo orden): USD 689,318, USD 650,622 y USD 92,265; y en cuanto a sus indicadores de PSA, éstos fueron los siguientes: 54.14, 75.23 y 9.03 empleos por hm^3 respectivamente. Se observa que la cebolla, sea de PV o la producida en OI tiene una productividad del agua muy superior al promedio regional dado por los indicadores a nivel de toda la agricultura del DR005 (ver cuadro 6)

Rios *et al* (2017, *Op. Cit*), para el cultivo de cebolla, producida tanto en el subciclo de primavera verano (PV) como en el de otoño invierno (OI) en el DR005 de Delicias, Chihuahua, así como para toda la agricultura de ese Distrito de Riego DR005, determinaron los índices de EFA, que fueron 210 L kg^{-1} y 115 L kg^{-1} las cebollas de PV y OI respectivamente, y 394 L kg^{-1} toda la agricultura del DR005; sus EEA (m^3 por USD de ganancia) fueron las siguientes (en el mismo orden): 1.6, 1.5 y 10.8 m^3/USD de ganancia respectivamente, y en cuanto a sus indicadores de ESA, éstos fueron los siguientes: 22,154, 13,292 y 110,688 m^3 de agua irrigados por cada empleo generado, respectivamente. Se observa de nuevo, que el cultivo de cebolla, sea de PV o la producida en OI, usa más eficientemente el agua en la producción, pues se encuentra arriba de la eficiencia física, económica y social del agua que el promedio regional dado por los indicadores de eficiencia del agua a nivel de toda la agricultura del DR005 (ver cuadro 6)

Rios, Torres y Azpilcueta (2017)[41], en cuanto a la productividad del agua, para el cultivo de manzana producida en Cuauhtémoc, Chihuahua, producida bajo condiciones de bajo (los productores tradicionales de bajos ingresos de tendencia campesina) y alto uso de tecnología (los productores empresariales de altos ingresos) BT y AT respectivamente, determinaron que sus índices de productividad fueron los siguientes: PFA fueron 0.91 y 3.18 kg m^{-3}, sus PEA (ganancia por hm^3) fueron las siguientes (en el mismo orden manzana BT y manzana AT): USD 83,341 y USD 614,244; y en cuanto a sus indicadores de PSA, éstos fueron los siguientes: 28.1 y 22.7 empleos por hm^3

---

[41] **Rios-Flores, José Luis, Torres M. Miriam y Azpilcueta RE, M de J. (2017).** Productividad del agua en manzano producido bajo diferentes niveles de tecnificación en Cuauhtémoc, Chihuahua, México. Revista Asuntos Económicos y Administrativos No. 32, Primer semestre 2017. ISSN 0124-1133. Universidad de Manizales, Colombia. pp. 135-146

.

respectivamente. Se observa que solo la manzana AT tiene una mayor productividad física y económica del agua superior al promedio regional dado por los indicadores a nivel de toda la agricultura del DR005 determinados por Rios *et al* (2017) de 2.23 kg/m^3 y USD 92,265/hm^3 señaladas un par de párrafos atrás, la manzana BT en sus índices de PFA y PEA fue inferior a la media regional, la PSA de ambas manzanas fue superor a la media regional de 9.03 empleos/hm^3 (ver cuadro 6)

Rios, Torres y Azpilcueta (2017, *Op. Cit.*), en lo referente a la eficiencia con que se usa el agua en la producción en el cultivo de manzana BT y AT producida en Cuauhtémoc, Chihuahua, respectivamente, determinaron que sus índices de eficiencia fueron los siguientes: EFA 1,100 y 314 L kg^{-1} respectivamente, EEA 11.9 y 1.6 m^3 por USD de ganancia respectivamente, y sus índices de ESA fueron 35,587 y 44,053 m^3 por empleo generado respectivamente; se observa que en relación a toda la agricultura del DR005, los indicadores se comportaron de la siguiente manera: en la EFA sola la manzana AT fue superior en cuanto a la eficiencia con que usa el agua (394 vs 314 L kg^{-1}) pues demanda menos agua para producir un kg de biomasa que el promedio regional den el DR005,, no así la manzana BT con

394 del promedio regional vs 1,100 L kg^{-1} de la manzana BT, pues demanda casi tres veces más agua por kg de biomasa; igual sucedió con la EEA, solo la manzana AT estuvo por debajo de los 10.8 m/USD de ganancia del promedio regional, pero en la ESA ambas manzanas usan el agua del riego más eficientemente que el promedio regional (110,688 m^3/empleo), pues demandan menos agua para crear un empleo (35,587 y 44,053 m^3/empleo respectivamente) (ver cuadro 6)

Rios y Ruiz (2019)[42] determinaron algunos indicadores de productividad y eficiencia del agua usada en la ganadería bovino lechera especializada y le compararon, primero en contra de los correspondientes indicadores a nivel de todo el sector agrícola en Delicias, Chihuahua (DR005), y después en contra de los indicadores correspondientes a la misma actividad bovino lechera especializada de La Laguna (DR017), encontrando que la PEA (en USD de ganancia por hm^3) de la ganadería bovino lechera y la agricultura de Delicias y la de la ganadería bovino lechera de La Laguna (siempre en ese orden), fue de USD 20,196, USD 119,000 y

[42] **Rios-Flores, José Luis y Ruiz Torres José. 2019.** Productividad económica del agua en la agricultura y la ganadería lechera en la cuenca de Delicias, Chihuahua, México. Pag. 45-51. Revista Ciencias Básicas, Ingeniería y Tecnología. Año 15 número 42, septiembre-diciembre de 2019. Publicación de difusión científica e investigación multidisciplinaria. ISSN 1807-056X. Apizaco, Tlaxcala

USD 25,170 respectivamente, lo que muestra que la actividad bovino lechera, sea de Delicias o de La Laguna, es menos productiva que la agricultura al usar el agua en términos económicos; determinaron que un litro de leche bovina del sistema especializado demandó 4,168 litros de agua en Delicias para ser producido y 3,144 litros en la principal cuenca lechera de México, La Laguna (ver cuadro 6).

IV.   MATERIALES Y MÉTODOS

4.1 Localización del área de estudio

El municipio de Ascensión está al norte del estado de Chihuahua, el municipio colinda al norte con los Estados Unidos de América, al Sur colinda con los municipios de Nuevo Casas Grandes y Buenaventura y Ahumada, al Este colinda con el municipio de Juárez y al Oeste hace frontera con el municipio de Janos. Su ubicación es al norte 31°48', al sur 25°38' de latitud norte; al este 103°18', al oeste 109°07' de longitud oeste. (ver figura 7).

El estado de Chihuahua, del que el municipio de Ascensión forma parte, está ubicado en la región noroeste del país, limitando al norte con los estados de Nuevo México y Texas (Estados Unidos), (la mayor parte de esta frontera está delimitada por el río Bravo), al este con Coahuila, al sur con Durango, al suroeste con Sinaloa y al oeste con Sonora. Con 247 455 km² es el estado más extenso y con 13,77 habitantes/km², el tercero menos densamente poblado, por delante de Durango y Baja California Sur, el menos densamente poblado. Fue fundado el 6 de julio de 1824. Se divide en 67 municipios (ver figura 7).

Listado de municipios del estado de Chihuahua:

1 Ahumada, 2 Aldama, 3 Allende, 4 Aquiles Serdán, 5 Ascensión, 6 Bachiniva, 7 Balleza, 8 Batopilas de Manuel Gómez Morín, 9 Bocoyna, 10 Buenaventura, 11 Camargo, 12 Carichí, 13 Casas Grandes, 14 Coronado, 15 Coyame del Sotol, 16 La Cruz, 17 Cuauhtémoc, 18 Cusihuiriachi, 19 Chihuahua, 20 Chinipas, 21 Delicias, 22 Dr. Belisario Domínguez, 23 Galeana, 24 Santa Isabel, 25 Gómez Farías, 26 Gran Morelos, 27 Guachochi, 28 Guadalupe, 29 Guadalupe y calvo, 30 Guazapares, 31 Guerrero, 32 Hidalgo del Parral, 33 Huejotitán, 34 Ignacio Zaragoza, 35 Janos, 36 Jiménez, 37 Juárez, 38 Julimes, 39 López, 40 Madera, 41 Maguarichi, 42 Manuel Benavides, 43 Matachi, 44 Matamoros, 45 Meoqui, 46 Morelos, 47 Moris, 48 Namiquipa, 49 Nonoava, 50 Nuevo Casas Grandes, 51 Ocampo, 52 Ojinaga, 53 Praxedis G. Guerrero, 54 Riva Palacio, 55 Rosales, 56 Rosario, 57 San Francisco de Borja, 58 San Francisco de Conchos, 59 san Francisco del oro, 60 Santa Bárbara, 61 Satevó, 62 saucillo, 63 Temósachic, 64 El Tule,

65 Urique, 66 Uruachi, 67 Valle de Zaragoza.

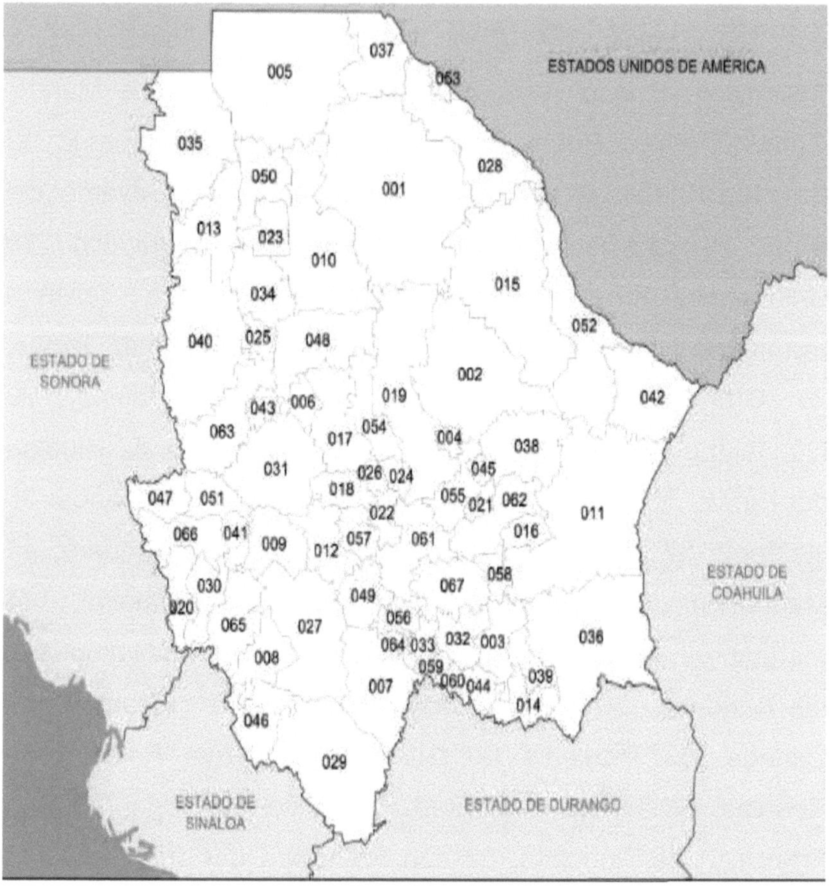

Figura 7: Localización del municipio de Ascensión (el 005) en el estado de Chihuahua en Los Estados Unidos Mexicanos

La capital del estado territorialmente más grande de México, es la ciudad de Chihuahua, otras ciudades importantes son Ciudad Juárez, Cuauhtémoc, Delicias, Parral, Nuevo Casas Grandes, Camargo, Jiménez, Ojinaga, Meoqui, Aldama y Madera. El PIB nominal en 2013 fue de $35.499 miles de millones de pesos nominales, el PIB *per cápita* es de $ 9,753.

4.2 Variables independientes y dependientes, y fuentes de información

La matemática moderna usa los conceptos de variable dependiente, modelo y ecuación de manera indistinta, entendiéndose que un modelo no es otra cosa que una ecuación o igualdad matemática en la que, si se trata de una ecuación explícita, el lado izquierdo lo constituye la variable dependiente, que en este caso o es el correspondiente índice de productividad o eficiencia (físico, económico o social), mientras que el lado derecho está dado por las variables independientes de las que depende el lado izquierdo o variable dependiente, que en este caso dependiendo de si la variable dependiente está en términos físicos, económicos o sociales, estará ese lado derecho, dado por varias variables independientes, como el rendimiento físico por hectárea, el precio del producto agrícola, el coste por hectárea, la paridad cambiaria, la lámina de riego "LR"[43], el índice de eficiencia hidráulica de la red distribuidora de agua "EC"[44] y la cantidad de jornales[45] por hectárea entre otras. En este punto es deseable que el lector vea de nueva cuenta cada uno de los modelos matemáticos del cuadro 5, ya que esos modelos son los que se utilizaron para estimar en este estudio tanto la productividad como la eficiencia del agua usada en la producción, así, por ejemplo el modelo:

$$y = \frac{10^4 \left(LR_i \middle/ EC_i \right)}{RF_i \left(P_i \middle/ PC \right) - \left(C_i \middle/ PC \right)}$$

Indica que la variable dependiente "Y" del lado izquierdo es la EEA, esto es, la eficiencia económica del agua utilizada en la producción a nivel de un cultivo en lo individual, chile verde

---

[43] La lámina de riego es la altura, en metros, de la columna de agua que un cultivo demanda a lo largo de su ciclo productivo, así por ejemplo, si el chile tiene una lámina de riego de 0.60 m, esa lámina de agua deberá dársele, no más no menos.

[44] EC es un numero adimensional, mayor de cero y menor de 1, si se trata de un riego tradicional no tecnificado, con uso de acequias no revestidas, irrigado a gravedad, y la fuente abastecedora de agua está muy retirada de la parcela, entonces EC tenderá a cero sin nunca serlo, y por el contrario, si EC es cercano a 1, señalará que se trata de un riego altamente tecnificado y que se desperdicia poca agua de la fuente abastecedora de agua

[45] En este trabajo se presupuso que un jornal de trabajo es un día laboral y que equivale a 8 horas de trabajo, lo cual es discutible, pues en algunos países la jornada laboral son solamente 6 horas o incluso menos, por el contrario, en otros una jornada de trabajo pueden ser más de 8 horas.

en el municipio de Nuevo Casas Grandes por ejemplo, entonces, el modelo indica que "Y = EEA", es decir:

$$EEA = \frac{10^4 \left(\dfrac{LR_i}{EC_i} \right)}{RF_i \left(\dfrac{p_i}{PC} \right) - \left(\dfrac{C_i}{PC} \right)}$$

Así, la EEA depende de seis variables que actúan cada una de manera independiente:

1) El rendimiento físico por hectárea "RF" (en ton/ha) del cultivo
2) El precio "p" que tenga la tonelada del chile verde
3) El coste por hectárea "C" del cultivo de chile
4) La paridad cambiaria "PC", es decir, el precio del peso mexicano expresado den dólares americanos
5) La lámina de riego del cultivo de chile
6) La eficiencia de conducción de la red hidráulica de canales

El lector avezado en matemáticas se percatará que para elevar la eficiencia del uso del agua hay seis maneras, es decir, hay tantas formas de incrementar la eficiencia como variables dependientes, por ejemplo, basta incrementar RF para que el cociente del que proviene EEA se haga más pequeño, lo que estaría indicando que se hizo más pequeña la cantidad de m^3 agua necesaria para producir un dólar americano de ganancia, por el contrario, basta una pequeña devaluación de la moneda, para que el índice de la EEA sugiera que se perdió eficiencia económica, es decir, que ahora con la devaluación se demandaría más agua para seguir produciendo el mismo dólar que antes demandaba menos agua, así, la variación de cada una de las variables presupone mantener constantes a las demás variables, es decir en terminología económica *caeteris paribus* las demás variables.

Cada una de las variables independientes del cuadro 5 son descritas a continuación, así como la fuente de su origen:

R_{fi} = Rendimiento físico del i-ésimo cultivo (en ton ha^{-1})= Producción física anual "Q_i" / Superficie "S_i" cosechada. S y Q provienen de SIAP-SADER-Cierre Agrícola 2019 (2020)[46]

LR_i = Lámina de riego del i-ésimo cultivo (en m). Fuente: INIFAP-CENID-RASPA. (2006). *Programa Riego.* [Fecha de consulta: 01 de mayo de 2019]. Disponible en: https://cenidraspa.org/serg/serg_v1.php

EC_i = Eficiencia de conducción hidráulica del i-ésimo cultivo. $0 < EC < 1$[47].

---

[46] **SIAP-SADER. 2020.** Cierre agrícola 2019- Disponible en -S http://infosiap.siap.gob.mx/gobmx/datosAbiertos.php

p_i = Precio por tonelada de producto del i-ésimo cultivo (en MX\$ ton^{-1})= VBP/Q. Fuente el VBP o Valor Bruto de la Producción (en MX\$) tiene por fuente: SIAP-SADER-Cierre agrícola 2020.[48]

PC = Paridad cambiaria, pesos mexicanos (MX\$) por cada USD. PC al de agosto de 2020 a las. Fuente: Banco de México, dólar Fix. https://www.banxico.org.mx/tipcamb/main.do?page=tip&idioma=sp Ultima consulta 19 de agosto, 2020. A razón de MX\$ 22.1810 por dólar norteamericano y MX\$ 26.2638 por euro.

C_i = Coste de producción por hectárea del i-ésimo cultivo (en MX\$$^{-1}$) fuente del costo por hectárea de chile seco y chile verde: AGRO FIRME SA DE CV SOFOM de Cuauhtémoc, Chihuahua

V= volumen de agua usado por hectárea =10,000 m*LR/EC.

g = Ganancia por hectárea del i-ésimo cultivo (en US\$ ha^{-1}) = $g = Rf(p/PC) - (C/PC)$

---

[47] Si la fuente de abastecimiento de agua es cercana a la parcela del cultivo que usará el agua, así como en el caso de que se tratase de un tipo de riego altamente tecnificado, la EC tenderá a acercarse a 1, es decir, tenderá a tener un 100% de eficiencia, pero si la fuente de abastecimiento del agua es lejana a la parcela o bien se trata de un tipo de riego poco tecnificado, entonces EC tenderá a retirarse de 1 y se acercará a 0.

[48] **SIAP-SADER. 2020.** Cierre agrícola 2019- Disponible en - Shttp://infosiap.siap.gob.mx/gobmx/datosAbiertos.php

Ji = Número de jornales invertidos por hectárea en el cultivo. Fuente: AGRO FIRME SA DE CV SOFOM ENR de Cuauhtémoc, Chihuahua (ver Anexos 1 y 2)

i = i-ésimo cultivo bajo una forma concreta de riego (bombeo, gravedad).

288 = Número de jornadas al año por trabajador = 6 jornadas de trabajo por semana, por 48 semanas al año. Así, se definió que un empleo permanente equivalente es igual a la cantidad de trabajo socialmente necesario que un ser humano desarrolla a lo largo de un año, que en este caso fue 288 jornadas, o lo que es lo mismo, 2304 horas de trabajo al año por persona.

Los modelos matemáticos de PFA, EFA, PEA, EEA, PSA y ESA para un cultivo en lo individual, como en este trabajo, son de (Rios *et al, 2016*[49] *y 2018*[50]) en la segunda columna, y cuando se trata de un conglomerado de cultivos, como los que conforman todo un patrón agrícola en un lugar dado, son los modelos para conglomerados de cultivos (Rios *et al,* 2015

---

[49] **Rios-Flores, José Luis, Torres M. M. y Torres M., M. A. (2016)**. *Op. Cit.*

[50] *Ríos-Flores, José Luis, et al, 2018. Op. Cit.*

[51] y Rios y Navarrete, 2017[52]) señalados en el cuadro 5 en el extremo derecho en la tercera columna.

En todas las ecuaciones de la PSA, PEA, PSA, EFA, EEA y ESA se usó el volumen "V" de agua utilizado por hectárea por parte del cultivo, para su obtención se multiplicó el cociente formado por la lámina de riego "LR" dividida entre la eficiencia de conducción "EC" de la red hidráulica (estimada en 90%) por 10,000, que son la cantidad de metros cuadrados de una hectárea. LR y EC son los usuales en la región productora en cuestión, los cuales fueron obtenidos con el *Programa Riego* del Centro Nacional de Investigación Disciplinaria Relación Agua Suelo Planta Atmósfera (CENID RASPA), organismo dependiente del Instituto Nacional de Investigaciones Forestales Agrícolas y Pecuarias (CENID-RASPA-INIFAP, 2006)[53].

Abreviaturas utilizadas en este estudio:

USD = Dólar norteamericano

MUSD = Millones de USD

---

[51] **Rios- Flores, J. Luis, *et al 2015. Op. Cit.***

[52] **Rios-Flores, J.Luis y Navarrete_Molina, C. (2017).** *Op. Cit.*

[53] INIFAP-CENID-RASPA. (2006). *Programa Riego.* [Fecha de consulta: 01 de mayo de 2017]. Disponible en: https://cenidraspa.org/serg/serg_v1.php

PFA= Productividad física del agua (en kg m^{-3})

PEA = Productividad económica del agua (en USD hm^{-3})

PSA= Productividad social del agua (en empleos hm^{-3})

EFA=Eficiencia física del agua (en m^3 kg^{-1})

EEA=Eficiencia económica del agua (en m^3 USD^{-1})

ESA=Eficiencia social del agua (en m^3 empleo^{-1})

ESC = Eficiencia social del capital (en USD invertidos por cada empleo permanente equivalente generado)

PSC = Productividad social del capital =Empleos generados por cada millón de dólares invertidos.

PST= Productividad social del trabajo (en USD de ganancia por trabajador)

PFT = Eficiencia física del trabajo (en kg producidos por trabajador)

EFC= Eficiencia física del capital (en costo unitario por kg producido, en USD kg^{-1})

RB/C= Relación Beneficio-Costo (si RB/C indica que el cultivo es rentable, pues permite recuperar lo que se invirtió más un excedente de ganancia, dado por el remanente al quitar la unidad a la RB/C, y si la RB/C es inferior a la unidad indica que no fue rentable, que no se recuperó el capital invertido)

SADER =Secretaría de Agricultura, Ganadería y Desarrollo Rural

DR= Distrito de Riego

DDR= Distrito de Desarrollo Rural

CENID-RASPA-INIFAP, iniciales del Centro Nacional de Investigación Disciplinaria Relación Agua Suelo Planta Atmósfera, organismo dependiente del Instituto Nacional de Investigaciones Forestales Agrícolas y Pecuarias.

V. RESULTADOS Y DISCUSIÓN

5.1 Producción, rentabilidad y empleo generado por el cultivo de Chile (*Capsicum annum L.*) seco y verde en Ascensión, Chihuahua.

El Cuadro 7 registra los costos de producción por hectárea de los cultivos de chile (*Capsicum annuum L.*) seco y verde producidos en el estado de Chihuahua en 2019. El cuadro 7, a la vez que registra los costos monetarios de producción por hectárea, señala también otros dos diferentes tipos de costos, igual de importantes, sino es que más: el "costo" invertido en tiempo de trabajo, así como el "costo" en agua, es decir, la cantidad de agua invertida por hectárea usada en la producción.

Así, con base en lo anterior, de manera general, se observa en el cuadro 7 que la producción por hectárea a escala comercial tuvo un costo de USD 4,481.37 (equivalente a MX\$99,038) en el chile seco y de USD 3,663.33 ha^{-1} (equivalente a MX\$ 80,960 ha^{-1}) en el cultivo de chile verde, ambos en el estado de Chihuahua en 2019. En lo referente a la cantidad de trabajo invertido, hubo diferencias notorias en ambos chiles, pues se invirtieron 86 jornales/ha (equivalente a 688 horas ha^{-1}) en el chile seco y 55 jornales/ha (equivalente a 440 horas de trabajo por hectárea) en el cultivo de chile verde.

En cuanto a la cantidad de agua invertida por hectárea a escala comercial, se determinó que en el chile seco se usaron 11,000 m^3, contra 10,000 m^3 en chile verde, la razón de ello, es que en el chile seco se usaron 11 riegos, de 1,000 m^3 cada uno, contra 10 riegos de 1,000 m^3 cada uno en el caso del chile verde (ver cuadro 7).

La desagregación del costo monetario total de producción por hectárea del cuadro 7, sugiere que el coste total se descompone en dos costos de naturaleza diferente: los de operación y otros costos. Los costos de operación se componen a su vez en ocho tipos particulares de costos, que a su vez, cada uno de ellos se compone de determinados costos altamente específicos señalados entre paréntesis:

1) Preparación del terreno (barbecho, nivelación, rastreo, surcado y arrope)

2) Siembra /planta de chile y siembra)

Cuadro 7 : Costos de producción por hectárea en el cultivos de chiles (*Capsicum annuum L) L.*) seco y verde en el estado de Chihuahua , México, 2019.

Tipo de costo	Chile seco		Chile verde	
Costos de operación	Costo (MX$/ha)	Jornales	Costo (MX$/ha)	Jornales
Costos de operación	**83,336**	**86**	**69,078**	**55**
Preparación del terreno	4,179	0	2,961	0
Siembra	19,389	0	19,389	0
fertilización	7,910	0	7,910	0
Labores culturales	10,804	40	4,927	6
Control de plagas, malezas y enfermedades	4,258	0	2,826	0
Riegos	15,048	11	13,680	10
Cosecha	17,730	35	13,470	39
Diversos	4,018	0	3,915	0
Otros costos:	**15,702**		**11,882**	
Renta del suelo	5,000		5,000	
Costo financiero	9,036		5,500	
Depreciación de maquinaria y equipo	1,667		1,382	
COSTO TOTAL (MX$)/ha	**99,038**		**80,960**	
COSTO TOTAL (USD)/ha	**4,481**		**3,663**	
m^3/ha	11,000		10,000	
Horas/ha		688		440
Costo del agua (MX$/$m^3$)	$ 1.37		$ 1.37	
Costo del agua (USD/m^3)	$ 0.062		$ 0.062	
paridad cambiaria peso-USD	22.1			

Fuente: Elaboración propia, los costos de operación tienen por fuente a los costos de producción 2019 de AGRO FIRME SA DE CV SOFOM ENR de Cuauhtémoc, Chihuahua (ver Anexos 1 y 2) y la paridadc cambiaria tiene por fuente al Banco Banorte, dólar ventanilla https://www.banorte.com/wps/portal/banorte/Home/indicadores/dolares-y-divisas Ultima consulta 29 de agosto, 2020. A razón de MX$ 22.10 por dólar norteamericano y MX$ 26.40 euro.

3) Fertilización (MAP 11-52-00, urea, KMAG-Potásico, sulfato de potacio y aplicación de fertilizantes)

4) Labores culturales (cultivo, deshaije, dehierbe, azadoneo y desvare)

5) Control de plagas, malezas y enfermedades (aplicaciones terrestres de Otlán, Captan, Malathion 1000, Bayfolan Forte, Cypac, Amistar)

6) Riegos (costo del bombeo y aplicación)

7) Cosecha (seguro agrícola, permiso agrícola y asistencia técnica)

8) Diversos

Mientras que "Los otros costos" son:

9) La renta del suelo (sea o no propietario del suelo)

10) Costo financiero (intereses devengados)

11) Depreciación de maquinaria y equipo (se consideró como un 2% del costo total de operación)

La proporción porcentual entre los costos de operación y los otros costos, en ambos cultivos, sugiere que los costos de operación ocuparon la mayor parte del costo total de producción por hectárea: 84.1 y 15.9% en chile seco y 85.3 y 14.7% en chile verde (ver cuadro 7).

Dentro del costo de operación, el orden de importancia de los conceptos componentes, por su peso porcentual, fue, en chile seco: siembre (23.3%), cosecha (21.3%), riegos (18.1%), labores culturales (13.0%), fertilización (9.5%), control de plagas, malezas y enfermedades (5.1%), preparación del terreno (5.0%) y diversos (4.8%); mientras que en el chile verde fueron los siguientes: siembra (28.1%), riegos (19.8%), cosecha (19.5%), fertilización (11.5%), labores culturales (7.1%), preparación del terreno (4.3%), control de plagas, malezas y enfermedades (4.1%).

La siembra, en ambos chiles, fue lo más caro de los costos de operación, el riego, que por la naturaleza de este trabajo es el más importante, no lo fue en la estructura de costes, pues fue apenas el tercero en chile seco y el segundo en el chile verde. ¿Y porque es que es importante el componente del riego dentro del costo total de producción por hectárea?, la respuesta tiene que ver con lo visto en la parte introductoria, acerca de lo notoriamente escaso que es el agua en el planeta, ya que, cuando un recurso es abundante o al menos se lo considera abundante, como lo es el caso del agua, su precio tiende a ser cero, y el consumidor de ese recurso no le presta importancia, y por tanto, el usarlo de la manera más eficiente y productiva no es prioridad para el productor.

El cuadro 8 recaba y registra datos sobre la superficie, producción, rentabilidad, uso de mano de obra y uso de agua en la producción de los cultivos de chile seco y verde en el municipio de Ascensión, el estado de Chihuahua en 2019

El cuadro 8 señala que en 2019 se cosecharon 784 ha de chile seco en todo el estado de Chihuahua, superficie que representa el 22% de las 3,610 ha cosechadas de chile verde, pero en cuanto al volumen de producción física, las 1,754 ton de chile seco apenas representan el 2% de las 82,820 ton de chile verde, semejante asimetría se observa también en el Valor Bruto de la Producción (VBP) de ambos cultivos, pues con MUSD 2.24, el chile seco apenas representa el 9% del tamaño del VBP del chile verde con MUSD 25.537.

Cuadro 8: Superficie,Producción, inversión de capital, rentabilidad, empleo generado y agua utilizada en la producción en los cultivos de chiles (*Capsicum annum L.*) seco y verde de Ascensión, Chihuahua, México 2019.

Variables macroeconómicas	a) Chile seco		b) Chile verde		c = a/b
Superficie cosechada (ha)		784		3,610	0.22
Producción (ton)		1,754.0		82,820	0.02
VBP (millones de USD)	$	2.402	$	25.537	0.09
Rendimiento (ton/Ha)		2.24		22.94	0.10
Precio/ton (USD)	$	1,370	$	308	4.44
ingreso/ha (USD)	$	3,064	$	7,074	0.43
Costo (USD)/ha	$	4,481	$	3,663	1.22
Ganancia (USD)/ha)	-$	1,417	$	3,411	
Ganancia generada en toda la superficie cosechada (Millones de USD)	-$	1.11	$	12.31	
Relación Beneficio/Costo		0.68		1.93	
Volumen de agua usado en toda la superficie cosechada (hm^3)		8.62		36.10	0.24
Número de jornales generados en toda la superficie cosechada		67,424		198,550	0.34
Empleos equivalentes generados en toda la superficie cosechada		234.1		689.4	0.34
Inversión de capital en toda la superficie cosechada (Millones de USD)	$	3.513	$	13.225	0.27

Fuente: Elaboración propia, con base en cifras de SIAP-SADER (2020). Cierre agrícola 2019. Disponible en: http://infosiap.siap.gob.mx/aagricola_siap_gb/icultivo/, y el cuadro 7.

Es necesario recordar que la ganancia "g" por hectárea está dada por la ecuación $g = Rf(p/PC) - (C/PC)$, donde, se vio ya en la descripción de las variables del cuadro 5, que "Rf" es el rendimiento físico (en ton ha^{-1}), "p" es el precio por tonelada de chile (en MX\$ ton^{-1}), "C" es el costo de producción por hectárea (en MX\$ ton^{-1}) y "PC" es la paridad cambiaria (en MX\$ por cada USD), lo anterior por que el cuadro 8 se muestra que "g" fue diferente en ambas locaciones: **menos** USD 1,417 ha^{-1} en chile seco[54] y **más** USD 3,411 ha^{-1} en chile verde, es decir, que el chile seco reportó pérdida en 2019, no así el chile verde, con números negros.

Lo anterior repercutió en que la producción de ambos tipos de chile tuvieran diferente Relaciones Beneficio-Coste "RB/C", de 0.68 en chile seco y 1.93 en chile verde, en principio, ¿que sugieren tales indicadores financieros?, que en el caso del chile seco apenas se recuperaron 68 centavos de cada peso invertido mientras que en el chile verde se recuperó cada peso invertido y además se logró la obtención

---

[54] Aunque se determine la ganancia con los puros costos de operación, es decir, excluyendo del coste total de producción por hectárea a los otros costos de renta del suelo, costos financieros y depreciación de maquinaria y equipo, se obtiene una pérdida de USD 706.79 ha^{-1} en chile seco y una ganancia de USD 3,948.30 ha^{-1} en chile verde. Lo anterior es muy usual en la contabilidad interna de los productores agrícolas al no considerar como un costo a la renta del suelo, se sea o no propietario de suelo, ya que es un costo de oportunidad, asimismo, el productor agrícola suelo no considerar dentro de los costos de producción a los intereses que debe pagar por el financiamiento que las entidades financieras le cobran por los préstamos refaccionarios o de avío, asimismo, no suelen considerar dentro de los costos a la depreciación de maquinaria y equipo, por lo que, sus estados de resultados son ficticios en realidad, son estados de resultados que no corresponden a la realidad, lo que hace que el agricultor se descapitalice

de un excedente, bajo la forma de ganancia, de 93 centavos (ver cuadros 8 y 9). En segundo lugar, queda ahora la cuestión de ¿Cuáles fueron las causas de que el chile seco incurriera en pérdida y el verde en ganancia?, la respuesta a esta interrogante la da la ecuación de la ganancia: $g = Rf\,(p/PC) - (C/PC)$, la respuesta la da cada una de las cuatro variables de las que depende la ganancia, variables que aparecen en el cuadro 8 (salvo la paridad cambiaria, que aparece en el cuadro 7), así, del cuadro 8 se observa, que sin lugar a dudas, lo que hizo que el chile seco de Chihuahua incurriese en pérdida es el simple hecho de que su coste fue mayor que su ingreso, y ello se debió al bajo rendimiento por hectárea 2,24 ton, pues aunque su precio, USD 1,370 ton^{-1} fue relativamente alto , en relación al precio del chile verde de USD 308 ton^{-1}, fue 4.44 veces el precio del chile verde, pero el rendimiento fue apenas el 10% del precio del chile verde, por lo que el precio, por más alto que fue, no logró contrarrestar el efecto del bajo rendimiento, por el contrario, en chile verde, al tener un alto rendimiento, aunque su precio no fue muy alto, hizo que su ingreso por hectárea fuese mayor que su coste por hectárea, trayendo ello una buena rentabilidad.

Cuadro 9: Ingreso monetario por hectárea en la producción ponderada de chile seco y chile verde por municipio en el estado de Chihuahua, 2019. Rf = Rendimiento físico. P = precio por tonelada.

Municipio	Chile verde			Chile seco		
	Rf (ton/ha)	p (MX$/ton)	Ingreso/ha=Rf*p	Rf (ton/ha)	p (MX$/ton)	Ingreso/ha =Rf*p
Ascensión	22.94	$ 6,814	$ 156,335	2.24	$ 30,268	$ 67,716
Janos	23.34	$ 6,049	$ 141,162	2.32	$ 32,167	$ 74,671
Delicias	41.93	$ 4,746	$ 199,008			
Ojinaga	20.53	$ 10,581	$ 217,247			
Nuevo casas Grandes	21.98	$ 6,389	$ 140,449	2.20	$ 32,500	$ 71,500
Casas Grandes	20.82	$ 6,629	$ 138,044	2.00	$ 32,500	$ 65,000
PROMEDIO ESTATAL	30.18	$ 5,993	$ 180,859	1.89	$ 39,848	$ 75,187

Fuente: Elaboración propia, con base en cifras del SIAP-SADER, 2020, Cierre agrícola

El cuadro 9 muestra al ingreso por hectárea en pesos mexicanos de algunos municipios productores, el lector podrá así tener una visión no solo de conjunto, sino particular de como actuó cada variable, es decir el rendimiento físico "Rf" (en ton/ha) y el precio "p" por tonelada.

Lo anterior podría sugerir que entonces, una alternativa de solución a la baja rentabilidad del chile seco de Ascensión, sea por un lado, propender a elevar el rendimiento, en primer lugar, con todas aquellas acciones al alcance del productor como barbechos a tiempo, manejo más estricto del cultivo, así como, en segundo lugar, dedicar recursos a la investigación para con ello elevar los rendimientos por hectárea, a la par que, debe haber una organización fuerte de los agricultores en cooperativas de consumo para la adquisición de insumos a bajo precio, lo mismo que ventas conglomeradas para lograr mejores precios para su producto, lo anterior también es válido para el chile verde.

Retornando al análisis del cuadro 8, el volumen de agua utilizado en toda la superficie cosechada de chile, en Ascensión, Chihuahua, fue igual a 8.62 hm^3 (igual a 8.62 millones de m^3) en chile seco, lo que ayudó a cosechar de las 1,754 ton producidas así como en la obtención de un valor de mercado igual a los MUSD 2.402 ya indicados, mientras que en el chile verde el volumen de agua invertido fue 4 veces el del chile seco, pues se irrigaron 36.10 millones de metros cúbicos de agua, con esa agua se cosecharon 82,820 ton, mismas que tuvieron un valor de MUSD 25.537; asimismo, junto al agua y al capital invertido, se invirtió en la producción el trabajo de 67,424 jornadas de trabajo (539,392 horas de trabajo, iguales a su vez, al trabajo de 234.1 empleos permanentes equivalentes) en el chile seco de Ascensión, Chihuahua, y 198,550 jornadas de trabajo (1,588,400 horas de trabajo, iguales a su vez al trabajo de 689.4 empleos permanentes equivalentes) en la producción de chile verde de Ascensión (ver cuadro 8).

El volumen de agua usado en el cultivo de chile seco es el 24% del volumen usado en el cultivo de chile verde, pero el empleo generado por el chile seco es el 34% del tamaño de la cantidad de empleos generado por el chile verde (ver cuadro 8).

La inversión de capital fue asimétrica también, ya que el chile seco requirió de MUSD 3.513 en las 784 ha cosechada, mientras que las 3,610 ha de chile verde demandaron un total de MUSD 13.225 (ver cuadro 8).

5.2 **Indicadores de la productividad y eficiencia física, económica y social del agua utilizada en la producción de chiles (*Capsicum annuum L.*) seco y verde en Ascensión, Chihuahua**

Los indicadores de la ***eficiencia***[55] y de la ***productividad***[56] del agua en el proceso productivo de los cultivos de chile (*Capsicum annuum L.*) en el municipio de Ascensión, Chihuahua, México, son registrados en el cuadro 10. Ese cuadro señala que el uso del agua en la producción del chile verde fue más eficiente en términos físicos, ya que su número índice de la EFA (eficiencia física del agua) fue igual a 0.436 m^3 kg^{-1} (equivalente a 436 litros/kg) versus 4.917 m^3 kg^{-1} (equivalente a 4,917 litros/kg) del chile seco, lo que sugiere que en el chile seco se utilizó 11.28 veces más agua por kg que en el chile verde, la razón es relativamente simple: al chile seco se le ha deshidratado hasta el mínimo, hasta convertirle en biomasa, no así el chile verde, que en su mayoría sigue siendo agua que no biomasa (ver cuadro 10).

Es de observarse que la EFA del chile verde, con 0.436 m^3 kg^{-1}, es decir, 436 litros de agua por kg producido, está un

---

[55] es decir, de ***cuánta agua*** se usó para producir una unidad de producto físico, económico o social
[56] es decir, de ***cuanto producto*** físico, económico o social se generó por cada unidad volumétrica de agua usada en la producción

52% arriba de contra de la huella hídrica promedio mundial de 287 litros por kg de chile verde[57].

La menor eficiencia en términos físicos del uso del agua en la producción de chile seco, necesariamente (en tanto el índice de productividad es el inverso del índice de eficiencia) trajo consigo que su índice de PFA fuese muy elevado en relación al índice de PFA del chile verde: 0.203 kg m^{-3} en chile seco versus 2.294 kg m^{-3} en chile verde, es decir, que la productividad física del agua en chile seco es apenas el 9% de la PFA del chile verde (ver cuadro 10). El cuadro 10 describe que la eficiencia del agua en términos económicos, la EEA (en m^3 por USD de ganancia) fue más eficiente en el chile verde que en el chile seco, ya que los correspondientes indicadores: 2.932 m^3 por USD de ganancia versus *menos* 7.761 m^3 USD^{-1}, sugieren que en chile verde cada dólar de *ganancia* implicó gasta 2,932 litros de agua, mientras que en el chile seco, producir el mismo dólar, pero de *pérdida*, implicó desperdiciar 7,761 litros de agua

---

[57] el promedio mundial es de 287 litros/kg (disponible en "El plato del buen comer". https://www.agua.org.mx/wp-content/uploads/2018/01/agua-virtual-plato.pdf   ultima consulta 26 de agosto, 2010)

Cuadro 10: Productividad y eficiencia física, económica y social del agua utilizada en los cultivos de chiles (*Capsicum annuum L.*) seco y verde producidos mediante riego en Ascensión, Chihuahua, México en 2019

Variables macroeconómic	Unidad		a) Chile seco		b) Chile verde	c = a/b
Eficiencia (E) y productividad (P) **FÍSICA** (F) del **agua** (A) usada en la producción						
EFA	$m^3\,kg^{-1}$		4.917		0.436	11.28
EFA	Litros/kg		4,917		436	11.28
PFA	$kg\,m^{-3}$		0.203		2.294	0.09
Eficiencia (E) y productividad (P) **ECONÓMICA** (E) del **agua** (A) usada en la producción						
EEA	m^3 de agua usada por cada USD de ganancia	-	7.761		2.932	
PEA	USD de ganancia por hm^3 de agua usada en la producción	-$	128,845	$	341,067	
Eficiencia (E) y productividad (P) **SOCIAL** (S) del **agua** (A) usada en la producción						
ESA	m^3 de agua usada por cada empleo generado		36,837		52,364	0.70
PSA	Empleos generado por hm^3		27.1		19.1	1.42
Precio del agua	$USD\,m^{-3}$	$	0.062	$	0.062	1.00

Fuente: Elaboración propia, con base en los cuadros 4 y 5

Desde la perspectiva de la productividad económica del agua, la PEA, el cuadro 10 muestra que en el chile verde al utilizar un millón de metros cúbicos de agua, se generaron USD 341,067 de *ganancia*, pero en el chile seco, al usar ese mismo volumen de agua, un hm^3, se incurrió en una *pérdida* de USD 128,845. Lo anterior señala de manera clara, que, o se mejoran los rendimientos físicos mediante el mejor manejo o lo que se tenga que hacer, o se mejoran los precios mediante cooperativas de compra y venta entre los productores, o se reducen los costes de producción mediante la forma a que haya lugar, por ejemplo mediante un manejo empresarial estricto de la producción, como el manejo de costos estándar, o mediante lo que deba hacerse, o la producción de chile seco deberá desaparecer de Ascensión, Chihuahua, pues en términos físicos y económicos no se está haciendo un uso adecuado del agua, agua que podría ser utilizada en otras múltiples actividades que no solo generen "mucho" producto físico con "poca" agua, sino que además sean rentables, pues el chile seco no está cumpliendo con dos de los tres cánones establecidos de la sustentabilidad a largo plazo: ecológicamente amistosa, económicamente rentable, como enseguida se verá, solo en el canon de los social, pasó la prueba de la sustentabilidad el chile seco de Ascensión, Chihuahua.

La ESA (eficiencia social del agua, medida como la cantidad de metros cúbicos de agua irrigados por empleo permanente equivalente generado, abreviado como m^3 empleo^{-1}) del cuadro 10, sugiere lo que se acaba de señalar en el párrafo anterior: que la ESA del chile seco fue superior a la ESA del chile verde, pues sus indicadores señalan que producir un empleo permanente equivalente, implicó usar solo el 70% (con 36,837 m^3 empleo^{-1}) en el chile seco, en relación a los 52,364 m^3 empleo^{-1} en el chile verde.

El cuadro 10 contiene una variable adicional a las de eficiencia y productividad del agua, la variable del precio del agua por metro cúbico, en extremo importante, pues el precio de un bien que se considera es abundante, casi en forma infinita, como la mayoría de la gente considera al agua, tiende a ser cero, por lo que el productor le resta importancia y por tanto no le usa eficientemente, no le usa productivamente, por el contrario, si el precio de ese bien o recurso se considera escaso en extremo, como lo es en realidad el caso del agua, necesariamente éste deberá ser un precio muy elevado, para que así se permita la reposición sistemática de ese bien.

Continuando con el análisis del cuadro 10, en el caso específico del precio del agua considerado en este estudio, proviene de dividir el costo de producción del riego (señalado en el cuadro 7), entre el total de metros cúbicos usados en la producción (señalados también en el cuadro 7), se obtiene el indicador que señala el precio pagado por el productor por cada metro cúbico de agua utilizado en la producción. Así, la fuente señala que tanto en el chile seco como en el chile verde, el precio del agua fue igual en ambos cultivos: USD0.062 m^{-3} (equivalente a MX\$1.37 m^{-3})

Si bien el indicador de precio del agua en el cuadro 10, USD 0.062 m^3 en el cultivo de chile, tanto seco como verde en Ascensión, Chihuahua, es solamente el costo pagado por el agua, al dividir el rubro de Riego entre el total de metros cúbicos extraídos del subsuelo por el productor, en sentido estricto *no es el precio del agua,* no obstante, si se parte de una posición de valoración *contingente* si es válido asumirlo como precio y por tanto compararle en contra del precio del agua en otros cultivos o incluso en otras esferas económicas, así, al comparar el precio/m^3 del agua pagado por el productor de chile en Ascensión, Chihuahua con un precio de USD 0.062/m^3, con el precio del agua en otros cultivos en otras latitudes, como la vid (*Vitis vinífera)* producida en el

DR037 Altar-Pitiquito-Caborca, Sonora, México, determinado por Rios *et al* (*2018*)[58] igual a USD 0.07 m^{-3}, coinciden en un 89%, pero fue *inferiores* en mucho, pues solo representó en 8% del precio/m^3 pagado por los productores de espárrago (*Asparagus officinalis L.*) de E.U.A. donde se paga a razón de USD 0.78 m^{-3} de acuerdo con Hepworth, Postigo y Güemes (2010)[59], y el precio del agua en el chile de Ascensión, Chihuahua, fue solo el 25% del precio del agua pagado por los productores de espárrago de Ica, Perú, ya que Lewis (2003)[60] indica que en esa región el productor de espárrago paga una tarifa de USD 0.25 m^{-3}, pero fue 2.4 veces *superior* si se los compara contra el precio del agua de USD 0.018 m^{-3} reportado por el mismo Lewis (2003, *op cit*) para los productores de espárrago de La Libertad, Perú; respecto del precio/m^3 de agua en el nogal (*Carya illinoensis*) en el DR017 Comarca Lagunera y el DR005 Delicias, Chihuahua, con

---

[58] **Ríos-Flores, J. L. *et al* (*2018*,** Op. Cit.).

[59] **Hepworth, N. D.; Postigo, J. C.; Güemes, D. B.; Kjell, P. 2010.** Drop by drop, Understanding the Impacts of the UK's Water Footprint through a Case Study of Peruvian Asparagus. Progressio, CEPES and Water Witness International London. 99p.

[60] **Lewis, A. G. 2013.** Automated Asparagus Harvester Feasibility Study. Thesis Master of Engineering Management. University of Canterbury. Engineering Management. Available en: http://ir.canterbury.ac.nz/handle/10092/7442 / (last acceded January 18, 2018).

precios del agua iguales a MX$ 0.25 m^{-3} y MX$ 0.55 m^{-3} (equivalentes a USD 0.0119 y USD 0.0249 m^{-3} respectivamente a la paridad cambiara usada en este trabajo de 22.1 por cada USD) de acuerdo con Rios *et al* (2016)[61], o respecto del cultivo de trigo grano (*Triticum vulgare*) producido en Baja California reportado por Rios *et al* (2016)[62], con un precio del agua de USD 0.012 m^{-3}; se observa que el precio del agua determinado en este estudio para la productividad y eficiencia del agua usada en la producción de chiles seco y verde del municipio de Ascensión, Chihuahua, si bien hay variación, queda dentro del rango del precio del agua pagado en otros cultivos en México así como en otras partes del mundo, precio del agua por cierto, bajo en extremo, lo que no es útil al uso eficiente del agua, toda vez que el productor agropecuario, al ser tan bajo el precio del agua, no lo valora, y lo usa ineficientemente, improductivamente. De

---

[61] **Rios-Flores, José Luis, Torres M. M. y Torres M., M. A. (2016).** *Op. Cit..*

[62] **Rios Flores, J. L., Torres Moreno, M., Ruiz Torres, J., & Torres Moreno, M. A. (2016).** Eficiencia y productividad del agua de riego en trigo (*Triticum vulgare*) de Ensenada y Valle de Mexicali, Baja California, México. Acta Universitaria. Multidisciplinary Scientific Journal. 26 (1), 20-29 doi: 10.15174/au.2016.825.

acuerdo con Takele & Kallenbash (2001)[63], los precios del agua son importantes para la mejora de la demanda y de la conservación de este recurso.

5.3 Indicadores de la productividad social del trabajo y del capital en la producción de chile (*Capsicum annuum L.*) seco y verde en Ascensión, Chihuahua.

El trabajo, el capital, lo mismo que el agua, son recursos escasos, aunque no tanto como el agua, por lo que la Economía Agrícola, está también interesada en el estudio de estos dos recursos escasos, recursos que tienen diferentes alternativas excluyentes de uso, para lograr objetivos diversos como la optimización del ingreso y el empleo. Los indicadores de productividad y eficiencia social del trabajo y el capital son mostrados en el cuadro 11.

---

[63] **Takele, E. & Kallenbach, R. 2001**. Analysis of the Impact of Alfalfa Forage Production under Summer Water-Limiting Circumstances on Productivity, Agricultural and Growers Returns and Plant Stand. Journal of Agronomy and Crop Science. 187(1): 41-46.

Cuadro 11: Eficiencia y productividad del capital y del trabajo en la producción de chiles (*Capsicum annuum L.*) seco y verde en Ascensión, Chihuahua, México en 2019

ESC = Eficiencia Social del capital; PSC = Productividad Social del Capital; PST = Productividad Social del Trabajo; PFT = Productividad física del trabajo; RB/C = Relación Beneficio/Costo		a) Chile seco	b) Chile verde	c = a/ b
ESC	USD invertidos por cada empleo generado (Costo de crear un empleo)	$ 15,007	$ 19,183	0.78
PSC	Empleos generado por Millón de USD invertidos	66.6	52.1	1.28
PST	USD de ganancia/trabajador	-$ 4,746	$ 17,860	
PFT	kg de chile producidos por trabajador	7,492	120,132	0.06
EFC	Costo unitario por kg (USD kg^{-1})	$ 2.00	$ 0.16	12.54
precio/kg	USD/kg	$ 1.37	$ 0.31	4.44
RB/C	adimensional	0.68	1.93	

Fuente: Elaboración propia, a partir de los cuadros 7 y 8

Del cuadro 11 se observa que la eficiencia social del capital, abreviada como "ESC" (medida en USD invertidos por cada empleo generado), no es otra cosa que el coste de crear un empleo en la rama productiva del chile en Ascensión, Chihuahua, de ahí se denota que la inversión del capital en chile seco, en términos sociales, con un indicador de USD 15,007 empleo^{-1}, fue más eficiente que la inversión en chile verde, ya que en este último cultivo crear un empleo implicó una inversión 28% mayor, pues se requirieron de USD 19,183 por empleo creado, o dicho de otra forma, el chile seco utilizó solamente el 78% de la inversión de capital en chile verde para crear un empleo permanente equivalente.

La inversa del índice de ESC, deviene en el índice de productividad social del capital "PSC" señalado en el cuadro 11, que señala que al darse una inversión de un millón de dólares americanos (MUSD) en la esfera productiva del chile, se tuvieron diferentes indicadores: 66.6 empleos por MUSD en el chile seco y 52.1 MUSD^{-1} en el chile verde (ver cuadro 11)

La PST, esto es, la *productividad **social** del trabajo*, medida como USD de ganancia generados por trabajador, muestra en el cuadro 11, que en el caso del chile seco cada trabajador adscrito a la producción de chile verde, generó una *ganancia* de USD 17,860, mientras que, el trabajador adscrito a la esfera productiva del chile seco produjo una *pérdida* de USD 4,746

La PFT, es decir, la *productividad **física** del trabajo*, en el chile seco tuvo un número índice de 7,492 kg producidos por trabajado, mientras que ese índice fue igual a 120,132 kg trabajador^{-1} en el chile verde, no obstante, consideramos es estéril compararles, pues aunque los dos son chiles, en realidad se trata de dos bienes diferentes, pues el primero está completamente deshidratado y el segundo no (ver cuadro 11).

Finalmente, la EFC (eficiencia física del capital, medida bajo la forma del costo unitario, en USD por kg) del chile seco fue igual a USD 2.00 kg^{-1}, a la vez que el costo unitario del chile verde fue del orden de USD 0.016 kg^{-1}, lo anterior mientras que el precio por kg fue de USD 1.37 y USD 0.31 respectivamente (ver cuadro 11)

5.4 Discusión: contraste de la productividad del agua del chile verde de Ascensión, Chihuahua con otras investigaciones.

Este apartado, sobre la Discusión, es decir, sobre el contraste de los resultados obtenidos en el cultivo de chile en Ascensión, Chihuahua de este trabajo en contra de otras investigaciones sobre el mismo tema de la productividad y eficiencia del agua utilizada en la producción, se basa precisamente en la comparación de cuán productiva y eficientemente se usa el agua en el chile verde en Ascensión, Chihuahua respecto de otros cultivos agrícolas u otras actividades pecuarias como la producción de leche por ejemplo.

El contraste consiste en generar números indicadores provenientes de un cociente, en el que en el *numerador* es el índice (de productividad del agua por ejemplo) de algún cultivo ya estudiado por otros investigadores y señalado en el cuadro 6 y el *denominador* lo constituye el índice encontrado en este trabajo para el cultivo de chile verde de Ascensión, Chihuahua que aparece señalado en el cuadro 10. Así, a manera de ejemplo, en el cuadro 6 se señala que el chile verde jalapeño del DR017 de La Laguna, de acuerdo con

Delgado y García (2016 *Op. Cit.*) tuvo indicadores de 3.85 kg m^{-3} y USD 639,364 de ganancia por hm^3 y 58.3 empleos hm^{-3} respectivamente para las productividades física, económica y social del agua usada en la producción, mientras que en el cuadro 10 se describe que esas mismas tres formas de productividad del agua fueron 2.294 kg m^{-3}, USD 342,067 de ganancia por hm^{-3} y 19.1 empleos hm^{-3} respectivamente, por lo que los indicadores de PFA, PEA Y PSA *relativos*(es decir en relación al chile verde de Ascensión, Chihuahua) tras contrastar quedarían así:

PFA = 3.85/2.294=1.68

PEA= 639364/341067=1.87

PSA=58.3/19.1=3.05

Antes de señalar el significado de estos tres índices señalados como ejemplo, debe quedar claro que de la operación de cociente solo pueden resultar números mayores a 1, menores a 1 o iguales a 1, así que, si fuese mayor a la unidad estaría señalando que la productividad del agua usada en la producción del cultivo que se compara en contra del chile de Ascensión, Chihuahua, fue **superior**, si fue menor a uno su productividad fue **menor** y de ser igual a la unidad entonces sugeriría que se tuvo la misma productividad del agua.

Así, en el ejemplo de los tres indicadores señalados antes del párrafo anterior, estarían señalando que en cuanto a la PFA, PEA y PSA el cultivo de chile jalapeño del DR017 La Laguna tuvo productividad física (PFA) del agua 68% *superior*, tuvo una productividad económica (PEA) 87% *superior* y tuvo una productividad social (PSA) del agua 205% *superior* utilizada en la producción que el chile verde de Ascensión, Chihuahua.

Con la finalidad de hacer una lectura más accesible, solo se alude al cultivo y lugar, no se menciona ya al autor mismo que aparece en el cuadro 6, el lector puede así fácilmente identificar cual es el autor que determinó las cifras de eficiencia y/o productividad que ahora se están contrastando en contra de los correspondientes indicadores del chile verde de Ascensión, Chihuahua.

De esta forma la PFA del chile verde de Chihuahua con un índice igual a 2.294 kg m^{-3} = 1.00, sugiere entonces, que tuvieron ***una PFA superior***, es decir, que un m^3 de agua producirá en tal cultivo, más cantidad de kg que en el chile verde de Ascensión, Chihuahua, y ese fue el caso de los siguientes cultivos: chile verde jalapeño sin acolchar así como el acolchado, producidos en condiciones experimentales, con índices iguales a 1.83 y 2.83, las cebollas de PV y OI[64] producidas a escala comercial con 2.08 y 3.78, manzana AT[65] de Cuauhtémoc, Chihuahua producida a escala comercial con un índice igual a 1.39, así, tomando como ejemplo al chile jalapeño verde con acolchado y lámina de riego de 82.8 cm del CENID-RASPA-INIFAP[66] del DR017 Comarca Lagunera, con un índice de 1.83, estaría señalando que un metro cúbico de agua usado en ese cultivo con las condiciones para él señalado, ***produjo 83% más kg de chile verde el chile verde producido a escala comercial en Ascensión, Chihuahua*** (ver cuadros 6 y 10)

Por su parte, los indicadores inferiores a la unidad, es decir que su ***PFA fue inferior*** a la del chile verde de Ascensión, Chihuahua, fue el caso de los cultivos siguientes: el chile seco de Ascensión, con un índice de 0.09, todo el sector agrícola de Delicias, con un indicador de 0.97, la manzana BT de Cuauhtémoc, Chihuahua, con un índice de 0.40, el nogal pecanero de Chihuahua, con un índice de 0.05, así,

---

[64] Iniciales de los subciclos agrícolas de Primavera –Verano "PV" y Otoño-Invierno "OI"
[65] La manzana BT y AT son aquellas producidas con un bajo (BT) y un alto (AT) uso de tecnología respectivamente
[66] CENID-RASPA-INIFAP, iniciales del Centro Nacional de Investigación Disciplinaria Relación Agua Suelo Planta Atmósfera, organismo dependiente del Instituto Nacional de Investigaciones Forestales Agrícolas y Pecuarias

retomando a la manzana BT de Cuauhtémoc, con un índice igual a 0.40, estaría señalando que en ese cultivo, al usar un metro cúbico de agua, se producirían solamente 400 gr de manzana, 600 gr menos que el kg producido en el chile verde de Ascensión (ver cuadros 6 y 10)

En relación a la productividad económica relativa del agua "PEA", el chile verde de Ascensión, con USD 341,067 de ganancia por hm^3 de agua utilizada en la producción (=1.00), **_fue superior_** a todos aquellos cultivos cuyo índice resultante fue menor a la unidad, que en este caso fueron los siguientes: chile seco de Ascensión con 0.38, el chile seco guajillo de Zacatecas con un índice de 0.59, la PEA a nivel de todo el sector agrícola de Delicias, Chihuahua, con un índice igual a 0.27, la manzana BT con un índice igual a 0.25, el nogal pecanero con una PEA relativa de 0.13, las leches bovinas producidas en Delicias y La Laguna, con PEA´s relativas de 0.06 y 0.07 respectivamente; así, por ejemplo, la leche bovina del ganado especializado con índices de 0.06 y 0.07 en Delicias y La Laguna, sugieren que, si se usa un hm^3 de agua en la producción de Chile verde en Ascensión, Chihuahua, producirá USD 341,067 de ganancia, pero al usarse ese volumen de agua en la producción de leche de vaca del sistema especializad produciría apenas entre el 6 y el 7% de ese monto de ganancia (ver cuadros 6 y 10)

Por el contrario, los índices de la PEA provenientes de los cuadros 6 y 10 superiores a la unidad, indican que al usar el mismo volumen de agua, un hm^3, que el utilizado en el chile verde de Ascensión, Chihuahua, ***produjeron más ganancias que el chile verde***, tal es el caso de los siguientes cultivos/lugar: las cebollas de PV y OI de Delicias, con PEA´s relativas de 2.02 y 1.91 respectivamente, el chile verde jalapeño del DR017 con PEA relativa de 1.87, la manzana AT con PEA relativa de 1.80, así por ejemplo, la cebolla de PV, con un índice igual a 2.02, sugiere que un hm de agua usado en esa cebolla, producirá 2.02 veces la ganancia producida por el chile de Ascensión, Chihuahua. Es de observarse que el CENID-RASPA-INIFAP en su estudio del chile jalapeño verde nunca evaluó el aspecto económico del agua, por lo que, por muy productiva que fuese el agua en términos físicos, si no lo es en términos económicos, se desnaturaliza el estudio, ya que, en la actualidad ya no es como hace 70 años, en que los agrónomos solo investigaban las relaciones materiales entre nivel material de insumos usados y nivel material de producto logrado, en la actualidad, si la investigación agrícola no contempla aspectos como la

RB/C y el beneficio social, será todo lo que se quiera, pero no será indicativa de sustentabilidad

La PSA relativa, es decir, en relación a la PSA de chile verde de Ascensión, Chihuahua, con 19.1 empleos por hm^3 de agua usada en la producción (=1.00), que hace así de parámetro de referencia, en contra de la cual se contrasta a los demás cultivos, fue ***inferior*** esa PSA a los cultivos señalados a continuación: chile seco de Ascensión, con un índice de 1.42, el chile seco guajillo de Zacatecas, con un índice de 1.59, el chile verde jalapeño del DR017 La Laguna, con un indicador igual a 3.05, las cebollas de PV y OI con PSA relativas de 2.83 y 3.94 respectivamente, las dos manzana de Cuauhtémoc, la BT con una PSA relativa de 1.47 y la AT con una PSA relativa de 1.19, sugieren, por ejemplo la manzana AT, que al usarse un hm^3 de agua en la producción, generará 19% más empleos que el empleo generado por el chile verde de Ascensión, Chihuahua (ver cuadros 6 y 10)

Contrario a lo señalado en el párrafo anterior, un indicador de ***PSA inferior a la unidad*** estaría sugiriendo que la PSA del chile verde de Ascensión, Chihuahua fue ***superior*** al cultivo en contra del cual se contraste, y ese fue el caso de los cultivos siguientes: el nogal pecanero con una PSA relativa de 0.20 y la PSA promedio de toda la agricultura de

Delicias, Chihuahua, con una PSA relativa de 0.47: de esa forma, retomando el caso del sector agrícola de Delicias, Chihuahua, su indicador estaría sugiriendo, que mientras un millón de metros cúbicos usados en el chile verde de Ascensión, Chihuahua, producen 19.1 empleos permanentes, el mismo volumen de agua usado en la agricultura de Delicias produciría apenas 47% esa cantidad de empleos permanentes equivalentes (ver cuadros 6 y 10).

VI.   CONCLUSIONES Y RECOMENDACIONES

6.1 Conclusiones

Se cumplió con el objetivo de determinar números índices de la productividad y eficiencia, en términos físicos, económicos y sociales, con que se usa el agua en la producción de Chile seco y chile verde en el municipio de Ascensión, Chihuahua y contrastarles entre sí.

Con base en la metodología utilizada y los resultados con ella encontrados, ___se rechaza___ la primera hipótesis, ya que contrario a lo que se consideraba en la primera hipótesis, el cultivo de chile verde en el municipio de Ascensión, Chihuahua, *tuvo una **_mayor productividad y eficiencia físicas del agua_** utilizada en el riego, ya que con número índice de 2.294 kg m^{-3} y 436 litros kg^{-1}, el chile verde resultó 10.3 veces (el indicador fue 11.3) **más** productivo en el uso del agua y por tanto, más eficiente al usar el agua en términos físicos, que el parámetro de referencia, el chile seco de Ascensión, Chihuahua, pues sus índices de productividad y eficiencia del agua fueron 0.203 kg m^{-3} y 4,917 litros por kg

Con base en la metodología utilizada y los resultados con ella obtenidos, _**se rechaza**_ la segunda hipótesis, ya que contrario a lo que se consideraba en la segunda hipótesis, el chile verde del municipio de Ascensión, Chihuahua, *tuvo una **mayor productividad y eficiencia económica del agua*** usada en la producción, ya que, con un indicador de USD 341,067 de ganancia por hm^3, resultó más productivo en el uso del agua en _**términos económicos**_, que el parámetro de referencia, pues el chile seco, al usar el mismo volumen de agua incurrió en una pérdida de USD 128,845.

Con base en la metodología utilizada y los resultados con ella encontrados, _**no se rechaza**_ la tercera hipótesis, ya que tal como lo consideraba la tercera hipótesis, el chile seco de Ascensión, Chihuahua, *tuvo una **mayor productividad y eficiencia social del agua*** usada en la producción, ya que, con indicadores de 27.1 empleos por hm^3, resultó ser 42% más productivo y por tanto, más eficiente (con un índice de ESA igual a 36,837 m^3 empleo^{-1}) socialmente al usar el agua en la producción que el chile verde, cultivo que tuvo los indicadores de productividad y eficiencia del agua siguientes: 19.1 empleos hm^{-3} y 52,364 por lo que se afirma que el uso del agua en _**términos sociales**_ en el chile seco del municipio de Ascensión, Chihuahua, resultó más productivo que el chile verde.

6.2 Recomendaciones

El chile en México, en particular el chile seco en sus diferentes modalidades, es un producto altamente utilizado en la cocina mexicana, así como en la industria en muy diferentes productos, no solo alimenticios sino farmacéuticos e industriales diversos, por lo que es recomendable que el productor lleve a cabo un manejo del cultivo lo más apegado a los dictados de las investigaciones sobre el uso del agua de instituciones como INIFAP, con la finalidad de reducir su elevado consumo de agua, ya que solo así sería posible reducir la huella hídrica de la actividad humana, dada la notoria escases del agua en el planeta en general y en México en lo particular.

Asimismo, es necesario, es recomendable se lleven a cabo estudios sistemáticos sobre la productividad y la eficiencia con que se usa el agua en la producción de los diferentes cultivos en la agricultura del árido estado de Chihuahua, ello con la finalidad de tener una extensa matriz de indicadores de productividad y eficiencia del agua usada en la producción, para que de esa forma, los individuos así como las instituciones encargadas de asignar la tan escasa agua a las diferentes actividades en las que puede usarse y que excluyen por tanto, su uso en otras actividades, para así optimizar en la medida de lo posible, el uso del agua y las metas que con su uso se establezcan, metas como la generación de riqueza, o la maximización del empleo, pero siempre, siempre, que el motivo principal sea optimizar, reducir, el consumo de agua en la producción.

VII.   **LITERATURA CITADA**

Agua.org.mx Fondo para la Comunicación y la Educación Ambiental A.C. Visión general del agua en México, 2019 Disponible en: https://agua.org.mx/cuanta-agua-tiene-mexico/. Última consulta: 10 de septiembre, 2019.

Banco   Banorte,   dólar   ventanilla https://www.banorte.com/wps/portal/banorte/Home/indicadores/dolares-y-divisas

Capsicum   annuum   L. Taxonomía. Disponible en https://es.wikipedia.org/wiki/Capsicum_annuum#:~:text=Capsicum%20annuum%2C%20com%C3%BAnmente%20pimiento%2C%20chile,Capsicum%2C%20de%20la%20familia%20Solanaceae.

Chapagain, A.K. y Hoekstra, A.Y. (2003). Virtual water flows between nations in relation to trade in livestock and livestock products. Value of Water Research Report Series No. 13, UNESCO-IHE. Delft, The Netherlands

Carrión, Marta. 2020. El Ágora, diario del agua. 20 de marzo, 2010. Madrid, España. Disponible en: https://www.elagoradiario.com/agorapedia/cuanta-agua-

planeta/#:~:text=La%20Tierra%20tiene%20una%20disp
onibilidad,35%20millones%20de%20kil%C3%B3metros
%20c%C3%BAbicos).

Comisión Nacional del Agua, (2015): *Atlas del Agua en México.* Conagua. Documento disponible en: http://www.conagua.gob.mx/CONAGUA07/Publicaciones/Publicaciones/ATLAS2015.pdf

Delgado, R. Juan C. y García B. Franciso. 2016. Huella hídrica del cultivo de chile (*Capsicum annuum L.*) producido en Zacatecas y el DR017 Comarca Lagunera. Tesis profesional Unidad Regional Universitaria de Zonas Áridas-Universidad Autónoma Chapingo, Bermejillo, Durango, México.

Escobar, Chontal, J. F. (2017). Huella hídrica y su uso en la generación de patrones agrícolas que promueven el ahorro de agua en el DR017 Comarca Lagunera. Tesis profesional. Unidad Regional Universitaria de Zonas Áridas-Universidad Autónoma Chapingo, Bermejillo, Durango, México.

FAO 2005. (Organización de la Naciones Unidas para la Agricultura y la alimentación), Departamento de Agricultura y Protección del Consumidor, 2005. Uso del agua en la agricultura. Disponible en: http://www.fao.org/ag/esp/revista/0511sp2.htm

Flores, E. 1986. Tratado de Economía Agrícola. Fondo de Cultura Económica. México, D.F.

Fundación Aqua. Cantidad de agua potable, fuente de vida. Disponible en: https://www.fundacionaquae.org/wiki-aquae/datos-del-agua/cantidad-de-agua-potable-fuente-de-vida/ fecha de consulta: 10 de septiembre, 2019.

Gleick, P. H. 1994. Amarga agua dulce: Los conflictos por recursos hídricos. Ecología Política ISSN 1130-6378, No.8 (2º semestre), 1994, pag.85-106 disponible en: https://dialnet.unirioja.es/servlet/articulo?codigo=4289806

Hepworth, N. D.; Postigo, J. C.; Güemes, D. B.; Kjell, P. 2010. Drop by drop, Understanding the Impacts of the UK's Water Footprint through a Case Study of Peruvian Asparagus. Progressio, CEPES and Water Witness International London. 99p.

Hoekstra, A.Y. y Chapagain, A.K. (2008). Globalization of water: Sharing the planet's freshwater resources. Blackwell Publishing. Oxford, UK.

Hoekstra A. Y. and Hung P. Q. – September 2002 12. Virtual water trade: Proceedings of the international expert meeting on virtual water trade. UNESCO-IHE. Delft, The Netherlands

INIFAP-CENID-RASPA. (2006). *Programa Riego.* [Fecha de consulta: 01 de agosto de 2020]. Disponible en: https://cenidraspa.org/serg/serg_v1.php

Insunza Ibarra Marco Antonio, Mendoza Moreno Segundo Felipe, Catalán Valencia Ernesto Alonso, Villa Castorena Ma. Magdalena, Sánchez Cohen Ignacio y Román López Abel. 2007. Productividad del chile jalapeño en condiciones de riego por goteo y acolchado plástico. Revista Fitotecnia Mexicana, vol.30, núm.4, 2007,pp.429-436. ISSN 0187-7380. Sociedad Mexicana de Fitogenética, A.C. Chapingo,México. Disponible en file:///C:/Users/HP/Desktop/Tesis%20Chile%20seco%20 versus%20chile%20verde%20Chihuahua/productividad %20del%20chile%20jalape%C3%B1o%20en%20condici ones%20de%20riego%20por%20goteo%20y%20acolch ado%20plastico.pdf

Kijne, J.W., R. Barker and D. Molden, 2003. Water Productivity in Agriculture: Limits and Opportunity for Improvement. CABI, Cambridge, UK., ISBN: 0 85199 669 8.

Lewis, A. G. 2013. Automated Asparagus Harvester Feasibility Study. Thesis Master of Engineering Management. University of Canterbury. Engineering Management. Available en: http://ir.canterbury.ac.nz/handle/10092/7442 / (ultimo acceso agosto 18, 2020).

México-Población, 2018. Expansión/ datos macro.com. Disponible en: https://datosmacro.expansion.com/demografia/poblacion/mexico

Mekonnen M. M. and Hoekstra A. Y. – June 2010 46. The green and blue water footprint of paper products: methodological considerations and quantification. UNESCO-IHE. Delft, The Netherlands

Pizarro, Q. Alejandro, Galván, C. Raúl V. 2010. Patrones agrícolas ahorradores de agua generados con la huella hídrica, caso del DR005 Delicias, Chihuahua, México. Tesis profesional. Universidad bAutónoma Chpaingo. México

Rios- Flores, J. Luis, Torres M., Miriam, Castro F., Rafael, Torres M., M.A. Ruiz T. José. 2015 Determinación de la huella hídrica azul en los cultivos forrajeros del DR017 Comarca Lagunera, México. Rev. FCA UNCUYO, 2018. 47(1): 101-122, ISSN impreso 0370-4661. ISSN (en línea) 1853-8665, pp.93-107. Mendoza, Argentina.

Rios-Flores, José Luis, Torres M. M. y Torres M., M. A. (2016). Productividad agrícola del agua en nogal pecanero del norte de México. Casos: Comarca Lagunera y Delicias, Chihuahua. ISBN978-3-639-80166-8. Editorial Académica Española. Saarbrucken, Alemania.

Rios-Flores, J. L., Torres Moreno, M., Ruiz Torres, J. & Torres Moreno, M. A. (2016). Eficiencia y productividad del agua de riego en trigo (*Triticum vulgare*) de

Ensenada y Valle de Mexicali, Baja California, México. Acta Universitaria. Multidisciplinary Scientific Journal. 26 (1), 20-29 doi: 10.15174/au.2016.825.

Rios-Flores, J.Luis y Navarrete_Molina, C. (2017). Huella hídrica y productividad económica del agua en nogal pecanero (Carya illinoensis) al sur oeste de Coahuila, México. Revista: Estudios de Economía Aplicada. Volumen 35-3, septiembre 2017. ISSN 1133-3197. Asociación Internacional de Economía Aplcada (ASEPELT), España.

RÍOS-FLORES, José Luis, JACINTO-SOTO, Rodolfo, TORRES-MORENO, Marco Antonio y TORRES-MORENO, Miriam.2017. Huella hídrica del cultivo de cebolla producida en el DR005, Delicias, Chihuahua. 2017 En el libro: Ciencias de la Economía y Agronomía. Handbook T-I. rentabilidad de la producción agrícola en México. Pérez-Soto, Francisco, Figueroa. Hernándes, Esther, Godínez Montoya, Lucila, Salazar Moreno, Raquel. ECORFAN UAChapingo. ISSN 978-607-8534-32-6.

Rios-Flores, José Luis, Torres M. Miriam y Azpilcueta RE, M de J. (2017). Productividad del agua en manzano producido bajo diferentes niveles de tecnificación en

Cuauhtémoc, Chihuahua, México. Revista Asuntos Económicos y Administrativos No. 32, Primer semestre 2017. ISSN 0124-1133. Universidad de Manizales, Colombia. pp. 135-146

Ríos-Flores, José Luis, Rios Arredondo, Becky Elizabeth, Cantú Brito, Jesús Enrique, Rios Arredodndo, Hebrián Efraín, Armendáriz Erives, Sigifredo, Chávez Rivero, José Antonio, Navarrete Molina, Cayetano & Castro Franco, Rafael. (2018). Análisis de la eficiencia física, económica y social del agua en espárrago (*Asparagus officinalis L.*) y uva (*Vitis* vinífera) mesa del DR-037 Altar-Pitiquito-Caborca, Sonora, México 2018. *Revista de la Facultad de Ciencias Agrarias. Universidad Nacional de Cuyo*, 50(2). ISSN impreso 0370-4661, ISSN (en línea) 1853-8665. Mendoza, Argentina.

Rios-Flores, José Luis y Ruiz Torres José. 2019. Productividad económica del agua en la agricultura y la ganadería lechera en la cuenca de Delicias, Chihuahua, México. Pag. 45-51.Revista Ciencias Básicas, Ingeniería y Tecnología. Año 15 numero 42, septiembre-diciembre de 2019. Publicación de difusión científica e investigación multidisciplinaria. ISSN 1807-056X. Apizaco, Tlaxcala.

SADER, 2020. Reconoce Gobierno de México la importancia del chile en identidad cultural y gastronómica del país. Disponible en:

https://www.tallapolitica.com.mx/reconoce-gobierno-de-mexico-la-importancia-del-chile-en-identidad-cultural-y-gastronomica-del-pais/

Última consulta 26 de agosto, 2020

SIAP, 2020. Un panorama del cultivo del chile. Disponible en: file:///C:/Users/HP/Desktop/Tesis%20Chile%20seco%20versus%20chile%20verde%20Chihuahua/panorama%20del%20cultivo%20del%20chile.pdf

SIAP-SADER. 2020. Cierre agrícola 2019- Disponible en - Shttp://infosiap.siap.gob.mx/gobmx/datosAbiertos.php

Takele, E. & Kallenbach, R. 2001. Analysis of the Impact of Alfalfa Forage Production under Summer Water-Limiting Circumstances on Productivity, Agricultural and Growers Returns and Plant Stand. Journal of Agronomy and Crop Science. 187(1): 41-46.

.

DIARIOS:

La Jornada. 20 de julio, 2020. Producción de chile se incrementó 64.2% en los últimos 10 años: Sader. Disponible en:. https://www.jornada.com.mx/ultimas/sociedad/2020/07/2 0/produccion-de-chile-se-incremento-64-2-en-los-ultimos-10-anos-sader-5116.html. Ultima consulta: 26 de agosto, 2010.

El Financiero. 2014. Chile mexicano enfrenta competencia del mundo (Reportera: Isabel Becerril) 8 de agosto, 2014. Disponible en: https://www.elfinanciero.com.mx/economia/chile-mexicano-enfrenta-competencia-del-mundo#:~:text=De%20acuerdo%20con%20las%20cifras ,de%20Canad%C3%A1%2C%20Jap%C3%B3n%20y%2 0Guatemala.

El plato del buen comer. https://www.agua.org.mx/wp-content/uploads/2018/01/agua-virtual-plato.pdf ultima consulta 26 de agosto, 2010).